U0186821

1 分钟儿童小百科

史前动物小百科

叁川上 编著

江苏凤凰科学技术出版社 · 南京

图书在版编目（CIP）数据

史前动物小百科 / 叁川上编著 . — 南京：江苏凤凰科学技术出版社, 2024.7
（1分钟儿童小百科）
ISBN 978-7-5713-4270-8

Ⅰ．①史… Ⅱ．①叁… Ⅲ．①古动物学－儿童读物 Ⅳ．①Q915-49

中国国家版本馆 CIP 数据核字 (2024) 第 036608 号

1分钟儿童小百科
史前动物小百科

编　　著	叁川上
责任编辑	倪　敏
责任校对	仲　敏
责任监制	方　晨
出版发行	江苏凤凰科学技术出版社
出版社地址	南京市湖南路 1 号 A 楼，邮编：210009
出版社网址	http://www.pspress.cn
印　　刷	北京博海升彩色印刷有限公司
开　　本	710 mm × 1 000 mm　1/24
印　　张	5.67
插　　页	4
字　　数	87 000
版　　次	2024年7月第1版
印　　次	2024年7月第1次印刷
标准书号	ISBN 978-7-5713-4270-8
定　　价	39.80元（精）

图书如有印装质量问题，可随时向我社印务部调换。

扫一扫　听一听

前言

地球至今已有约 46 亿年的历史，而人类的历史与地球漫长的历史相比，犹如沧海一粟。通过现存的一些化石，我们发现在没有文字记录的远古时代——史前时期，地球上生活着各种各样的动物：身形怪异的怪诞虫、凶狠残暴的巨齿鲨、庞大壮硕的猛犸象……

本书选取了过去 5 亿年间的 62 种史前动物，介绍了它们的外貌形态、生活习性、行为习惯等，并配以精美的插图，揭开这些动物的神秘面纱。让我们翻开这本书，穿过时光的隧道，一起回到亿万年前的地球，去认识这些神奇的史前动物吧！

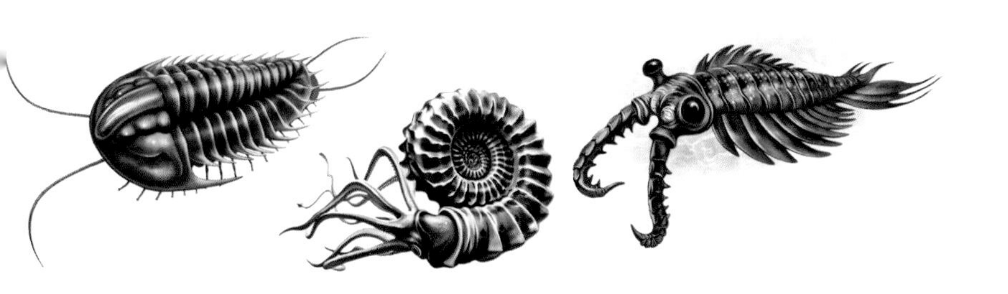

目录

古生代动物

三叶虫……2
怪诞虫……4
奇虾……6
欧巴宾海蝎……8
板足鲎……10
菊石……12
邓氏鱼……14
新翼鱼……16
根齿鱼……18
引螈……20
中龙……22
异齿龙……24
基龙……26
笠头螈……28
丽齿兽……30

中生代动物

幻龙……34
肖尼龙……36
蛇颈龙……38
真双型齿翼龙……40
撕蛙鳄……42
迅猛鳄……44
腔骨龙……46
双型齿翼龙……48
真鼻龙……50
利兹鱼……52
滑齿龙……54
喙嘴龙……56
狭翼鱼龙……58
斑龙……60
马门溪龙……62

腕龙……64
剑龙……66
始祖鸟……68
克柔龙……70
棘龙……72
沧龙……74
无齿翼龙……76
风神翼龙……78
薄片龙……80
霸王龙……82
三角龙……84
甲龙……86
包头龙……88
肿头龙……90

新生代动物

加斯顿鸟……94
泰坦鸟……96
重脚兽……98
王雷兽……100
始祖象……102
完齿兽……104
巨犀……106
巨齿鲨……108
恐猫……110
铲齿象……112
美洲剑齿虎……114
大角鹿……116
雕齿兽……118
披毛犀……120
猛犸象……122
大地懒……124
后弓兽……126
短面熊……128

互动小课堂……130

古生代动物

古生代是指距今5.42亿～2.52亿年的一个地质时代，包括寒武纪、奥陶纪、志留纪、泥盆纪、石炭纪、二叠纪六个纪。对动物界来说，古生代是一个十分重要的时期，著名的“寒武纪生命大爆发”就发生在这一时期。生活在这个时期的动物既有长相怪异的怪诞虫、凶猛敏捷的根齿鱼等海洋生物，也有基龙、丽齿兽等似哺乳类爬行动物。

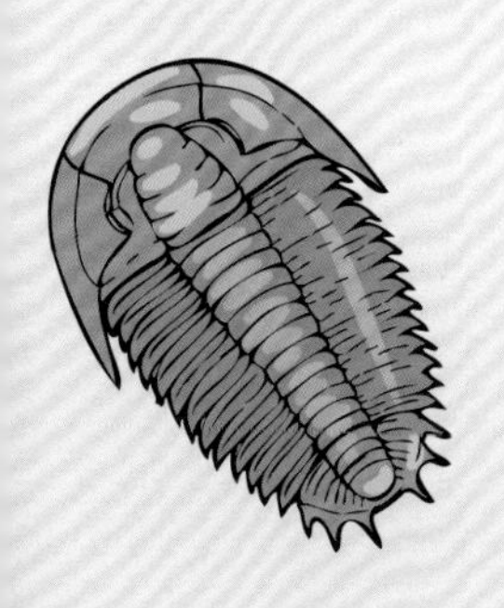

sān yè chóng

三叶虫

sān yè chóng zuì zǎo chū xiàn zài hán wǔ jì hǎi yáng lǐ zài èr dié
三叶虫最早出现在寒武纪海洋里，在二叠
jì shí qī miè jué sān yè chóng liú xiàn xíng de shēn tǐ hé shù liàng zhòng duō
纪时期灭绝。三叶虫流线型的身体和数量众多
de fù zhī shǐ tā men kě yǐ zài hǎi yáng lǐ gāo sù qián xíng líng huó
的附肢，使它们可以在海洋里高速前行、灵活
zhuǎn xiàng shèn zhì kě yǐ yuǎn yáng piāo liú sān yè chóng de bèi jiǎ shí
转向，甚至可以远洋漂流。三叶虫的背甲十
fēn jiān yìng liǎng tiáo bèi gōu jiāng shēn tǐ zòng xiàng fēn chéng kuān dù dà zhì
分坚硬，两条背沟将身体纵向分成宽度大致
xiāng děng de sān piàn zhè yě shì qí dé míng sān yè chóng de yuán yīn
相等的三片，这也是其得名三叶虫的原因。

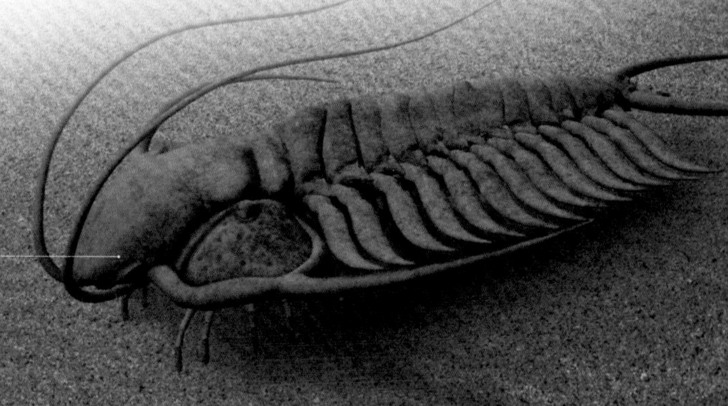

三叶虫种类繁多，大小各异，最大的体长70多厘米，最小的体长只有数毫米，但大部分三叶虫的体长都在2~7厘米。

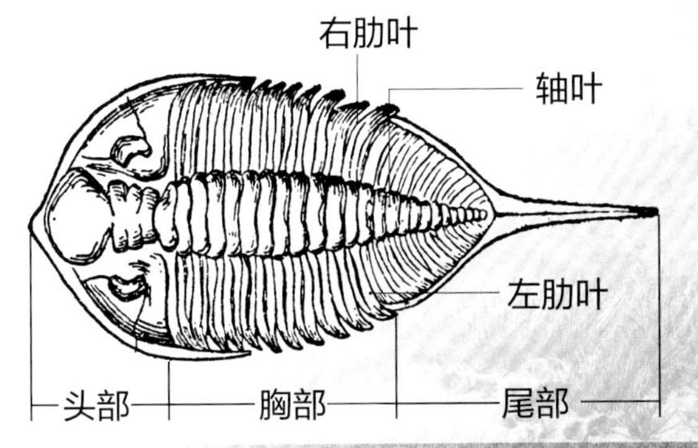

三叶虫的身体横向可分为头部、胸部、尾部三部分，头部包括眼睛、口器、触角等，胸部由很多体节排列组成，尾部由融合在一起的几个体节与几个羽尾扇组成。

随着寒武纪海洋中生物的攻击性越来越强，三叶虫遭受了其他生物越发频繁的攻击，这也促进了三叶虫的进化，在寒武纪接近尾声时，它们学会了将身体卷起来。

怪诞虫

怪诞虫是寒武纪时期海洋中最著名的动物之一。它们体长只有0.5～2.5厘米，数量众多。怪诞虫的身体呈管状，脖子很细，头很小且呈长条形，只有一对单眼用于感光，视力非常差。怪诞虫的身体上长有数对长刺和触手，英国古生物学家莫瑞斯最初将长刺和触手的位置弄反了，他认为如此奇特的动物只可能在梦中出现，便将其命名为怪诞虫，意为“离奇的白日梦”。

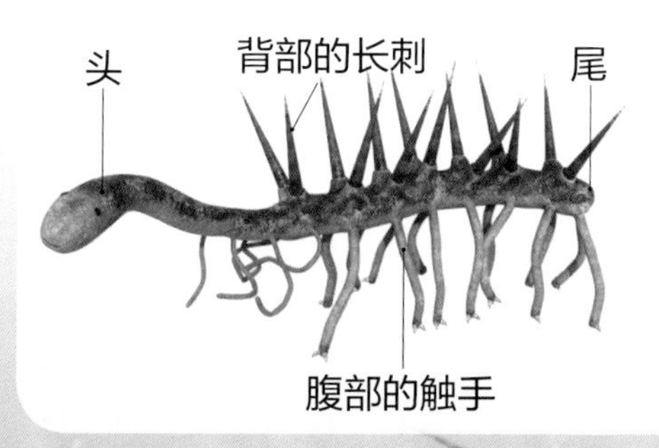

古生物学家也曾将怪诞虫的首尾弄反了，直到他们在显微镜下发现了怪诞虫那像黑点一样的眼睛和长着环形齿的嘴巴，才知道原本被认为是怪诞虫头部的一端，其实是它们的尾部。

奇虾

奇虾虽然名字中有“虾”字，但它们与现在人们食用的虾类没有任何关系。奇虾生活在远古海洋中，被认为是寒武纪海洋中的顶级掠食者之一。它们的体长大多在1米左右，身体两侧长有数对片状物，通过摆动这些片状物，奇虾能在海洋中快速游动。奇虾那对长爪上的尖刺就像一个网兜，只要猎物从它们身旁经过，就会被带刺的“网兜”网住，并最终成为它们的腹中餐。此外，奇虾头部下方中央位置还长着一个直径可达25厘米的环状口器，同样有助于它们捕食。

奇虾不仅体形庞大，还长着一对巨大的复眼，而当时的很多动物都还没有进化出眼睛。奇虾的眼睛非常大，有研究推测，奇虾的视力非常好。

ōu bā bīn hǎi xiē
欧巴宾海蝎

ōu bā bīn hǎi xiē shì yì zhǒng shēng huó zài hán wǔ jì shí qī de yuǎn
欧巴宾海蝎是一种生活在寒武纪时期的远
gǔ shēng wù tā men de zhǎng xiàng fēi cháng guài yì tóu bù dǐng zhe zhī
古生物。它们的长相非常怪异，头部顶着5只
dài bǐng de yǎn jing zhè shǐ tā men yōng yǒu yì cháng mǐn ruì de shì jué
带柄的眼睛，这使它们拥有异常敏锐的视觉。
ōu bā bīn hǎi xiē hái yǒu yì gēn líng huó de cháng wěn cháng wěn mò duān shì
欧巴宾海蝎还有一根灵活的长吻，长吻末端是
yí gè zuǐ zhǎo tā men de shēn tǐ liǎng cè yǒu xǔ duō xiàng qí zhì yí yàng
一个嘴爪。它们的身体两侧有许多像旗帜一样
de fù zhī tōng guò bǎi dòng zhè xiē fù zhī tā men biàn kě yǐ zài hǎi
的附肢，通过摆动这些附肢，它们便可以在海
yáng lǐ zì yóu de yóu dòng
洋里自由地游动。

欧巴宾海蝎的样子很像奇虾，但体形比奇虾小，身体总长只有4~7厘米。

5只眼睛让它们拥有了360°的广阔视野，使它们在海洋生物竞争中占据有利地位。

带爪的长吻可以用来翻卷泥沙，以搜寻食物。

你知道吗

针对欧巴宾海蝎的归属问题，不同的科学家持有不同的观点，其中最被认可的一种观点是：它们可能是现代虾类的远亲。

bǎn zú hòu

板足鲎

bǎn zú hòu shì yì zhǒng dòng zuò mǐn jié de ròu shí xìng dòng wù
板足鲎是一种动作敏捷的肉食性动物，
tā men shēng huó zài ào táo jì zhì èr dié jì shí qī de hǎi yáng lǐ bǎn
它们生活在奥陶纪至二叠纪时期的海洋里。板
zú hòu de shēn tǐ yóu yì xiē tǐ jié zǔ chéng fù bù zhǎng yǒu duì
足鲎的身体由一些体节组成，腹部长有6对
fù zhī zuì qián duān de yí duì fù zhī bèi chēng wéi áo zhī yòng yú bǔ
附肢：最前端的一对附肢被称为螯肢，用于捕
shí zhōng jiān duì fù zhī duō cì chéng yuán zhù zhuàng yòng yú xíng
食；中间4对附肢多刺，呈圆柱状，用于行
zǒu mò duān de yí duì fù zhī chéng píng huá de bǎn zhuàng yòng yú yóu
走；末端的一对附肢呈平滑的板状，用于游
dòng bǎn zú hòu zhèng shì yóu mò duān zhè duì bǎn zhuàng fù zhī ér dé míng
动。板足鲎正是由末端这对板状附肢而得名
de bǎn zú hòu de shēn tǐ xíng zhuàng jí qí fù bù de duì fù zhī dōu
的。板足鲎的身体形状及其腹部的6对附肢都
yǔ xiàn zài de xiē zi fēi cháng xiāng sì zài jiā shàng tā men shēng huó zài
与现在的蝎子非常相似，再加上它们生活在
hǎi yáng zhōng yīn cǐ bǎn zú hòu yě bèi chēng wéi hǎi xiē zi
海洋中，因此，板足鲎也被称为“海蝎子”。

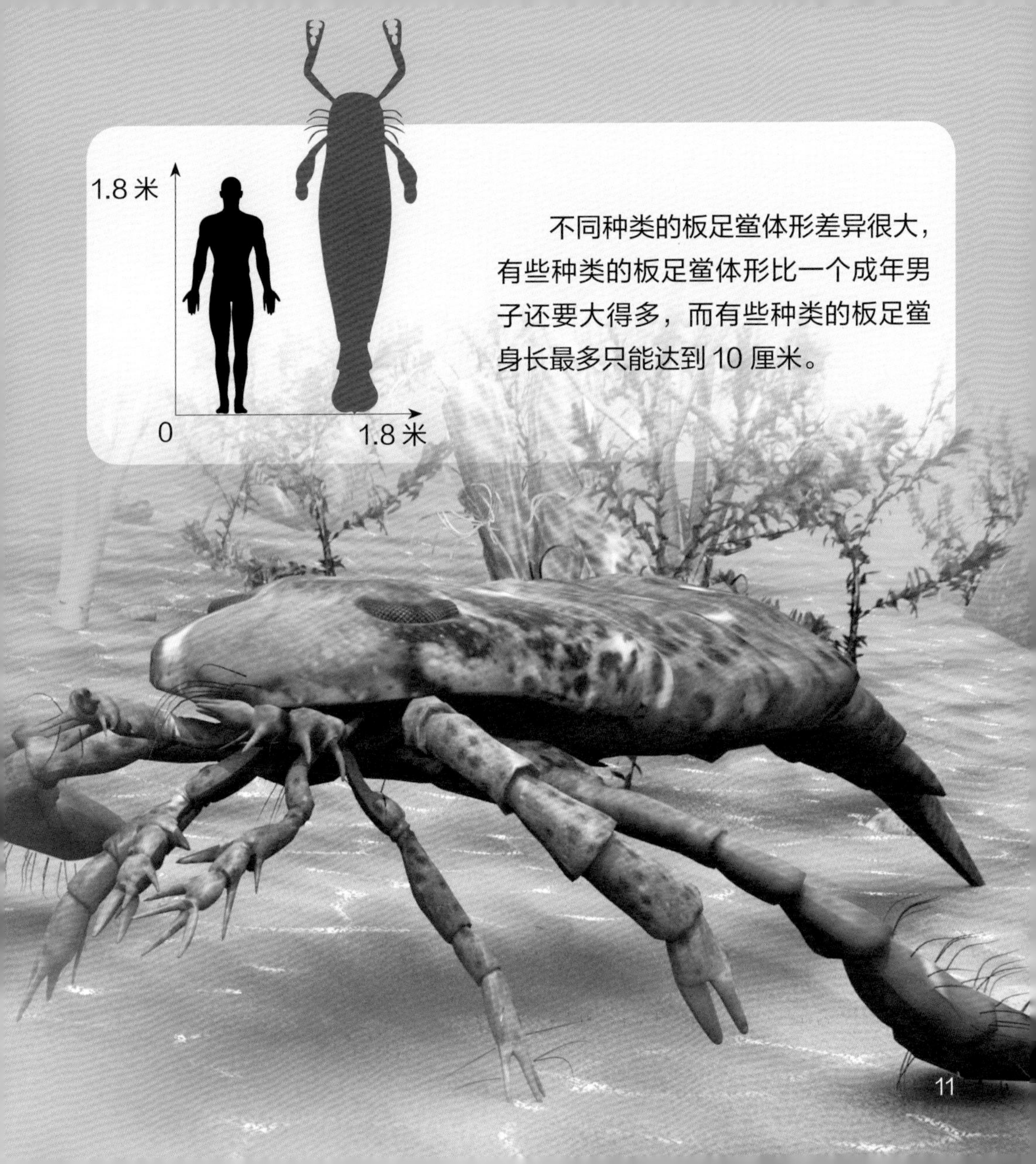

不同种类的板足鲎体形差异很大，有些种类的板足鲎体形比一个成年男子还要大得多，而有些种类的板足鲎身长最多只能达到 10 厘米。

jú shí
菊石

jú shí zuì zǎo chū xiàn zài ní pén jì shí qī shì yì zhǒng hǎi
菊石最早出现在泥盆纪时期，是一种海
shēng wú jǐ zhuī dòng wù tā men de shēn tǐ wài bù yǒu yí gè yìng yìng
生无脊椎动物，它们的身体外部有一个硬硬
de chéng luó xuán zhuàng de ké yīn wèi ké shàng yǒu jú huā zhuàng de huā
的呈螺旋状的壳，因为壳上有菊花状的花
wén suǒ yǐ bèi chēng wéi jú shí jú shí de ké kě yǐ bǎo hù tā
纹，所以被称为菊石。菊石的壳可以保护它
men de shēn tǐ ké nèi zhōng kōng de qiāng shì kě yǐ bāng zhù tā men fú
们的身体，壳内中空的腔室可以帮助它们浮
chū shuǐ miàn jú shí hái zhǎng zhe duō tiáo líng huó de chù wàn zhè xiē
出水面。菊石还长着多条灵活的触腕，这些
chù wàn kě yǐ bāng zhù tā men kuài sù zhǔn què de bǔ zhuō liè wù
触腕可以帮助它们快速准确地捕捉猎物。

大部分菊石的外壳像一个圆盘，但也有一些种类的菊石外形较为独特，例如，杆菊石的外壳是笔直的，塔菊石的外壳则像尖塔一样。

菊石化石形态多样、色彩丰富，有些非常美丽的菊石化石还被用来制作奢华名贵的饰品。

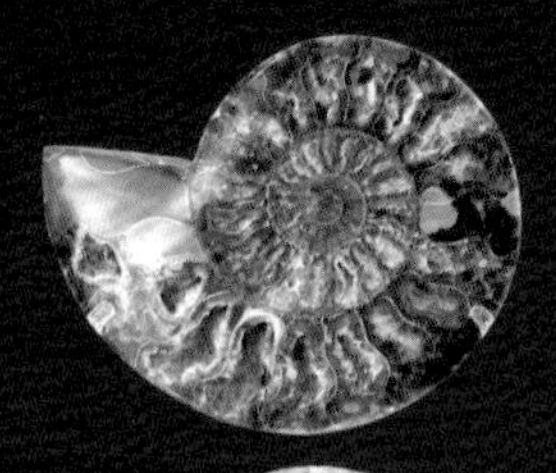

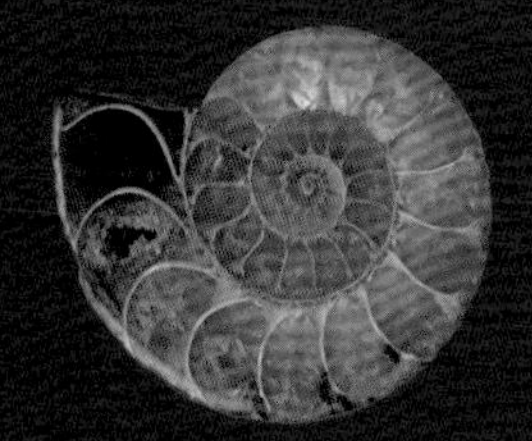

dèng shì yú
邓氏鱼

dèng shì yú shì yì zhǒng shēng huó zài ní pén jì shí qī de hǎi yáng
邓氏鱼是一种生活在泥盆纪时期的海洋
dǐng jí lüè shí dòng wù tā men tǐ xíng páng dà
顶级掠食动物，它们体形庞大，
shēn tǐ chéng fǎng chuí xíng yǔ xiàn dài yú lèi
身体呈纺锤形，与现代鱼类
de tǐ xíng xiāng sì dèng shì yú de tóu
的体形相似。邓氏鱼的头
bù zhǎng zhe yì céng hòu hòu de gǔ bǎn
部长着一层厚厚的骨板，
tǐ xíng yě guò yú páng dà suǒ yǐ tā
体形也过于庞大，所以它
men de yùn dòng sù dù hé líng mǐn dù dōu bù
们的运动速度和灵敏度都不
gāo dèng shì yú bìng bù tiāo shí gè zhǒng
高。邓氏鱼并不挑食，各种
hǎi yáng shēng wù bāo kuò qí tóng lèi dōu
海洋生物，包括其同类，都
kě yǐ chéng wéi tā men de shí wù
可以成为它们的食物。

邓氏鱼虽然没有牙齿，但其上下颌边缘长着像剪刀一样锐利的骨板，这些骨板使其拥有异常强大的咬合力。

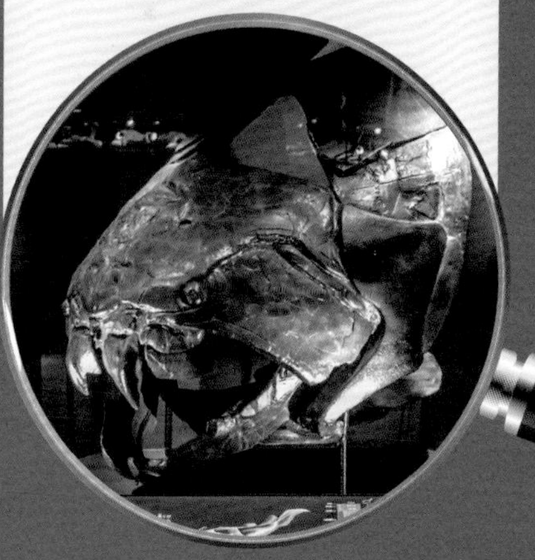

新翼鱼

新翼鱼生活在泥盆纪时期。它们是一种体形细长、背脊挺直的鱼类，体长约50厘米。这种鱼是较早上岸的动物之一，它们曾尝试离开水面，用鱼鳍在泥地上爬行。在漫长的演化过程中，新翼鱼的鱼鳍得到了进化，逐渐出现一些陆生动物四肢的特征。

泥盆纪时期，一批原始鱼类从沼泽中爬出，来到陆地上生活，新翼鱼也在这一时期离开了水面。

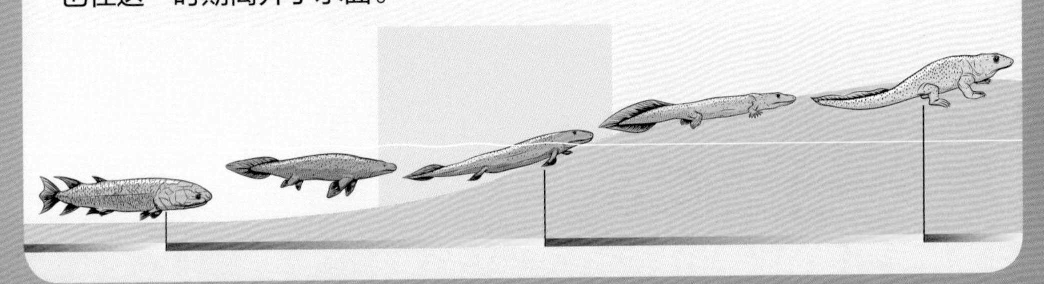

gēn chǐ yú
根齿鱼

gēn chǐ yú shēng huó zài shí tàn jì shí qī tā men tǐ xíng hěn dà zuì dà de gēn chǐ yú shēn cháng chāo guò mǐ tǐ zhòng chāo guò dūn gēn chǐ yú de shēn tǐ chéng yuán tǒng zhuàng biǎo miàn fù gài zhe jiān yìng de lín piàn zhè xiē lín piàn duì gēn chǐ yú de shēn tǐ jù yǒu hěn hǎo de bǎo hù zuò yòng gēn chǐ yú yǒu zhe jí jiā de shì lì néng gòu zài hún zhuó de shuǐ zhōng kuài sù suǒ dìng liè wù de wèi zhì bìng duì qí fā qǐ měng liè gōng jī

根齿鱼生活在石炭纪时期。它们体形很大，最大的根齿鱼身长超过7米，体重超过2吨。根齿鱼的身体呈圆筒状，表面覆盖着坚硬的鳞片，这些鳞片对根齿鱼的身体具有很好的保护作用。根齿鱼有着极佳的视力，能够在浑浊的水中快速锁定猎物的位置，并对其发起猛烈攻击。

在苏格兰，人们发现了一些牙齿的化石，科学家认为它们属于一种远古的鱼类。由于有些牙齿长度可达 20 厘米，且形状与树根相似，故而人们将这种远古鱼类命名为根齿鱼。

yǐn yuán
引螈

yǐn yuán shì yì zhǒng shēng huó zài shí tàn jì zhì èr dié jì shí qī de
引螈是一种生活在石炭纪至二叠纪时期的

dà xíng lù dì dòng wù tā men tǐ tài yōng zhǒng kàn shàng qù xiàng féi pàng
大型陆地动物，它们体态臃肿，看上去像肥胖

de è yú yǐn yuán de tóu bù jiào dà yá chǐ gòu zào fù zá suī rán
的鳄鱼。引螈的头部较大，牙齿构造复杂，虽然

zuǐ ba lǐ zhǎng mǎn le ruì lì de yá chǐ dàn tā men wú fǎ jǔ jué
嘴巴里长满了锐利的牙齿，但它们无法咀嚼。

yīn cǐ yǐn yuán jìn shí shí huì bǎ liè wù zhěng gè tūn xià qù yǐn yuán
因此引螈进食时，会把猎物整个吞下去。引螈

de shēng huó xí xìng yǔ jīn tiān de è yú jiào wéi xiāng sì tā men cháng chū mò
的生活习性与今天的鳄鱼较为相似，它们常出没

yú xī liú jiāng hé hé hú pō dì dài duō yǐ yú lèi wéi shí
于溪流、江河和湖泊地带，多以鱼类为食。

引螈的头骨很大，导致其身体前倾，重心落在粗短的前肢上，因此，它们行走时只能迈出很小的步伐，移动速度十分缓慢。

zhōng lóng

中 龙

zhōng lóng shēng huó zài shí tàn jì zhì èr dié jì shí qī shì zuì zǎo
中龙生活在石炭纪至二叠纪时期，是最早
xià shuǐ de pá xíng dòng wù zhī yī zhōng lóng tǐ xíng xì cháng shēn tǐ
下水的爬行动物之一。中龙体形细长，身体
chéng liú xiàn xíng yì yú wān qū qí fù bù yǒu sì tiáo tuǐ jiǎo zhǐ
呈流线型，易于弯曲；其腹部有四条腿，脚趾
jiān yǒu pǔ tā men kě tōng guò bǎi dòng jiǎo zhǎng lái shǐ shēn tǐ qián jìn
间有蹼，它们可通过摆动脚掌来使身体前进；
qí wěi ba mò duān zhǎng yǒu qí biàn yú yóu dòng zhōng lóng de bí kǒng wèi
其尾巴末端长有鳍，便于游动。中龙的鼻孔位
yú tóu bù qián duān zhè yàng tā men zài shuǐ xià shí zhǐ yào jiāng tóu bù
于头部前端，这样它们在水下时，只要将头部
lüè shēn chū shuǐ miàn jiù kě yǐ chàng kuài hū xī
略伸出水面就可以畅快呼吸。

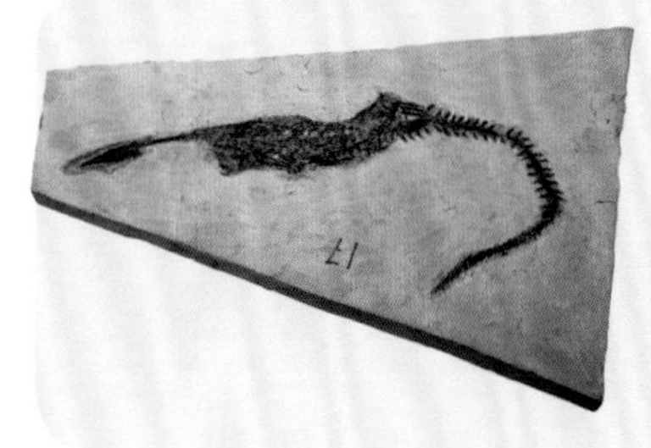

中龙的化石主要分布在非洲和南美洲，但中龙生活在淡水中，不可能游过宽阔的海洋，从一个洲到达另一个洲，因此科学家猜测，非洲和南美洲可能曾经是连在一起的。

yì chǐ lóng

异齿龙

yì chǐ lóng yòu jiào zuò yì chǐ shòu suī rán qí wài xíng yǔ
异齿龙又叫作“异齿兽”，虽然其外形与
xī yì yǒu xiē xiāng sì míng zi zhōng yòu dài yǒu yí gè lóng zì
蜥蜴有些相似，名字中又带有一个“龙”字，
dàn tā men yǔ kǒng lóng xī yì děng pá xíng dòng wù guān xì jiào yuǎn yǔ
但它们与恐龙、蜥蜴等爬行动物关系较远，与
bǔ rǔ dòng wù de guān xì jiào jìn zài èr dié jì shí qī yì chǐ lóng
哺乳动物的关系较近。在二叠纪时期，异齿龙
shǔ yú dà xíng dǐng jí lüè shí dòng wù tā men zuì xiǎn zhù de tè zhēng shì
属于大型顶级掠食动物，它们最显著的特征是
bèi bù zhǎng yǒu gāo dà de fān zhuàng wù cǐ wài tā men de zuǐ ba lǐ
背部长有高大的帆状物。此外，它们的嘴巴里
hái zhǎng zhe sān zhǒng bù tóng xíng zhuàng de yá chǐ zhè yě shì yì chǐ lóng dé
还长着三种不同形状的牙齿，这也是异齿龙得
míng de yuán yīn
名的原因。

异齿龙背部的帆状物是由脊椎骨延伸而出的条状骨支撑的。帆状物主要用于调节体温。

基龙

基龙生活在二叠纪时期，与异齿龙生活在同一个时期。它们的外形很相似，背部都长着高高的背帆，用于调节体温。但基龙是植食性动物，异齿龙是肉食性动物，且基龙是异齿龙的猎物之一。基龙的防御能力较低，为了保证自身的安全，它们通常成群结队地活动。

基龙的名字中虽然带有一个“龙”字，但它们和异齿龙一样，都不属于恐龙类，而是属于似哺乳类爬行动物。

lì tóu yuán

笠头螈

lì tóu yuán shēng huó zài èr dié jì shí qī shǔ yú liǎng qī dòng
笠头螈生活在二叠纪时期，属于两栖动
wù tā men de shēn tǐ biǎn biǎn de sì zhī wèi yú fù bù liǎng cè
物。它们的身体扁扁的，四肢位于腹部两侧，
wài xíng kàn qǐ lái xiàng yì zhī dà xī yì qí xì cháng líng huó de wěi
外形看起来像一只大蜥蜴，其细长、灵活的尾
ba biǎo míng tā men kě néng shàn cháng yóu yǒng lì tóu yuán zuì qí tè de dì
巴表明它们可能擅长游泳。笠头螈最奇特的地
fang shì tā men de tóu bù qí tóu gǔ de hòu bù fēn bié xiàng liǎng cè zhǎng
方是它们的头部，其头骨的后部分别向两侧长
chū le yí gè jiǎo zhè shǐ tā men zhěng gè tóu gǔ de xíng zhuàng jiù
出了一个“角”，这使它们整个头骨的形状就
xiàng yì dǐng dǒu lì zhè yě shì lì tóu yuán dé míng de yuán yīn
像一顶斗笠，这也是笠头螈得名的原因。

笠头螈扁扁的头部比身体还要宽。虽然它们的四只脚都长着短趾，但是并不能支撑它们在陆地上行走。

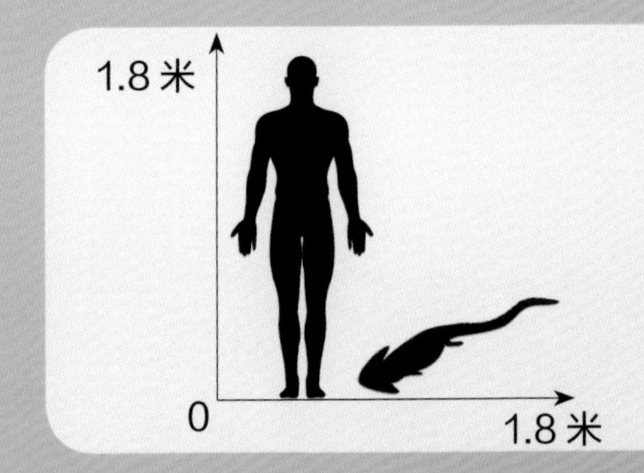

笠头螈平均体长约 60 厘米，小的体长仅 20 厘米左右，大的体长可达 1 米。

笠头螈的头骨并不是一出生就是斗笠状的，它们幼年时，头骨呈圆形，随着生长发育，笠头螈的头骨慢慢向两侧扩展，最终变成了斗笠状。

lì chǐ shòu
丽齿兽

lì chǐ shòu yòu bèi jiào zuò lì shòu shì yì zhǒng ròu shí xìng dòng
丽齿兽又被叫作“丽兽”，是一种肉食性动
wù zhǔ yào shēng huó zài èr dié jì wǎn qī lì chǐ shòu shì yóu yì chǐ lóng
物，主要生活在二叠纪晚期。丽齿兽是由异齿龙
děng lèi sì wù zhǒng jìn huà ér lái de dà duō shēng huó zài shā mò hé zhēn yè
等类似物种进化而来的，大多生活在沙漠和针叶
lín zhōng tā men de lú gǔ fēi cháng dà cháng dù yuē zhàn qí shēn cháng de
林中。它们的颅骨非常大，长度约占其身长的
wǔ fēn zhī yī zǎo qī de lì chǐ shòu tǐ xíng jiào xiǎo hòu qī tǐ xíng biàn
五分之一。早期的丽齿兽体形较小，后期体形变
de bǐ jiào dà lú gǔ cháng dù kě dá lí mǐ tǐ xíng zuì dà de lì
得比较大，颅骨长度可达30厘米，体形最大的丽
chǐ shòu shēn cháng néng dá mǐ
齿兽身长能达4米。

丽齿兽是第一种长出犬齿的脊椎动物，锋利的犬齿能够帮助它们轻松撕开猎物的皮肉。

丽齿兽的外形与现在的狼有几分相似，其锐利的牙齿和超快的奔跑速度也可与狼媲美，因此丽齿兽被称为“二叠纪的野狼”。

扫一扫 听一听

zhōng shēng dài dòng wù
中生代动物

zhōng shēng dài shǐ yú yì nián qián jié shù yú
中生代始于2.52亿年前，结束于
wàn nián qián fēn wéi sān dié jì zhū luó jì hé
6 600万年前，分为三叠纪、侏罗纪和
bái è jì zài zhè yì shí qī pá xíng dòng wù
白垩纪。在这一时期，爬行动物——
yóu qí shì kǒng lóng zài dì qiú shàng zhàn yǒu jué duì yōu shì
尤其是恐龙在地球上占有绝对优势，
yīn cǐ zhōng shēng dài yòu bèi chēng wéi kǒng lóng shí dài
因此中生代又被称为“恐龙时代”。
shēng huó zài zhè yì shí qī de dòng wù chú le yǒu xiōng cán
生活在这一时期的动物除了有凶残
de bà wáng lóng gāo dà de wàn lóng bèn zhòng de jiǎ
的霸王龙、高大的腕龙、笨重的甲
lóng hái yǒu hǎi yáng bà zhǔ cāng lóng kōng zhōng
龙，还有海洋霸主——沧龙，空中
liè shǒu fēng shén yì lóng děng
猎手——风神翼龙等。

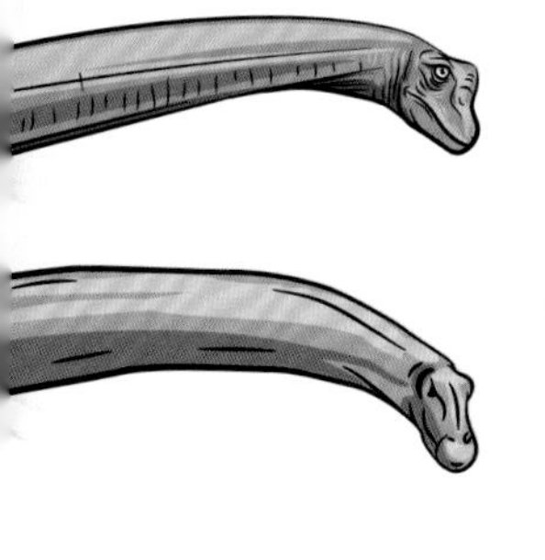

huàn lóng
幻龙

huàn lóng zuì zǎo chū xiàn zài sān dié jì shí qī de hǎi yáng zhōng qí
幻龙最早出现在三叠纪时期的海洋中，其
wài xíng yǔ xiàn zài de è yú shí fēn xiāng sì tā men de zuǐ ba lǐ zhǎng
外形与现在的鳄鱼十分相似。它们的嘴巴里长
mǎn le xiàng dīng zi yí yàng xì cháng de yá chǐ bǔ zhuō dào liè wù hòu
满了像钉子一样细长的牙齿，捕捉到猎物后，
qí shàng xià yá chǐ néng gòu hé chéng lóng zhuàng zhè yàng liè wù jiù wú fǎ
其上下牙齿能够合成笼状，这样猎物就无法
táo tuō le huàn lóng de shēn tǐ liǎng cè gè zhǎng zhe zhī zhǎo xíng zú
逃脱了。幻龙的身体两侧各长着2只爪形足，
zhè shuō míng tā men hái méi yǒu wán quán shì yìng shuǐ zhōng de shēng huó dào le
这说明它们还没有完全适应水中的生活。到了
fán zhí de jì jié cí xìng huàn lóng huì tuō zhe chén zhòng de shēn tǐ dào shā
繁殖的季节，雌性幻龙会拖着沉重的身体到沙
tān shàng chǎn luǎn
滩上产卵。

从幻龙的头骨化石可以看出，它的头部又长又扁，长满了牙齿的颌部也很长。

一些科学家认为幻龙十分聪明，因为幻龙在捕猎时会利用灵活的长颈，玩类似“声东击西”的小把戏。例如，它们可能会像鳄鱼一样突然扭过头来袭击从它们侧面游过的鱼类。

xiāo ní lóng
肖尼龙

xiāo ní lóng chū xiàn zài sān dié jì wǎn qī shì yì zhǒng jù xíng yú
肖尼龙出现在三叠纪晚期，是一种巨型鱼
lóng tā men de shēn tǐ chéng liú xiàn xíng zhè yǒu lì yú tā men zài shuǐ
龙。它们的身体呈流线型，这有利于它们在水
zhōng yóu dòng xiāo ní lóng de fù bù zhǎng zhe duì jī hū děng cháng de
中游动。肖尼龙的腹部长着2对几乎等长的
jù xíng qí zhuàng zhī wěi ba hěn cháng wěi qí chéng bàn yuè xíng cǐ
巨型鳍状肢，尾巴很长，尾鳍呈半月形。此
wài tā men hái zhǎng zhe kān chēng yú lóng zhī zuì
外，它们还长着堪称“鱼龙之最”
de féi dà dù pí xiāo ní lóng de shí wù zhǔ yào shì
的肥大肚皮。肖尼龙的食物主要是
dāng shí hǎi yáng zhōng shù liàng páng dà de wū zéi
当时海洋中数量庞大的乌贼。

肖尼龙只在幼年期才有牙齿，成年后就没有了，这说明它们在不同的年龄阶段具有不同的进食方式。成年的肖尼龙因为没有用来咀嚼食物的牙齿而只能将食物一口吞下。

蛇颈龙

蛇颈龙生活在侏罗纪至白垩纪时期的海洋里，它们体形庞大，身长3~5米，身体又扁又宽，长有2对船桨似的巨型鳍状肢，通过挥动鳍状肢，蛇颈龙可以在水中快速游动。它们的脖子很长，且十分灵活，像蛇一样，因此被称为蛇颈龙。蛇颈龙的颈部能在其游动时控制方向，它们还可以通过左右摆动脖子来捕捉猎物。

蛇颈龙的嘴巴可以张得很大，它们的口中长满了尖细的牙齿。

蛇颈龙的尾巴太短，在其游动时起不到什么作用，它们主要依靠 2 对鳍状肢推动身体前行。

zhēn shuāng xíng chǐ yì lóng
真双型齿翼龙

zhēn shuāng xíng chǐ yì lóng shēng huó zài sān dié jì wǎn qī shì yì zhǒng
真双型齿翼龙生活在三叠纪晚期，是一种
gǔ lǎo de yì lóng tā men zhǎng zhe cháng cháng de wěi ba hé duǎn xiǎo de
古老的翼龙。它们长着长长的尾巴和短小的
jǐng bù ér zhè xiē tè zhēng zài wǎn qī yì lóng shēn shàng yǐ jīng kàn bú dào
颈部，而这些特征在晚期翼龙身上已经看不到
le zhēn shuāng xíng chǐ yì lóng shì jiào zǎo fēi shàng lán tiān de yì lóng zhī
了。真双型齿翼龙是较早飞上蓝天的翼龙之
yī tā men lì yòng zhǔ yào yóu pí mó gòu chéng de chì bǎng lái huá xiáng
一，它们利用主要由皮膜构成的翅膀来滑翔，
qí wěi ba yòu cū yòu cháng mò duān hái zhǎng zhe líng xíng de pí mó kě
其尾巴又粗又长，末端还长着菱形的皮膜，可
yǐ bāng zhù tā men zài fēi xíng shí kòng zhì fāng xiàng
以帮助它们在飞行时控制方向。

真双型齿翼龙的颌部只有人类的一根手指那么长，却长着约 110 颗牙齿。其中，前面的牙齿又长又尖，可以叼住湿滑的鱼类，后面的牙齿较小，上面有很多小突起，主要用于咀嚼。

sī wā è
撕蛙鳄

sī wā è shēng huó zài sān dié jì wǎn qī shì yì zhǒng tǐ xíng páng
撕蛙鳄生活在三叠纪晚期，是一种体形庞
dà de sì zú pá xíng dòng wù tā men xǐ huan bǔ shí yì zhǒng gēn qīng wā
大的四足爬行动物。它们喜欢捕食一种跟青蛙
zhǎng de xiāng sì de dà xíng liǎng qī dòng wù há ma yuán suǒ yǐ
长得相似的大型两栖动物——蛤蟆螈，所以
dé míng sī wā è sī wā è de bèi bù yǒu yì pái chéng duì de biǎn píng
得名撕蛙鳄。撕蛙鳄的背部有一排成对的扁平
gǔ bǎn zhè xiē gǔ bǎn yǔ sī wā è de zhuī gǔ xiāng lián jiào zuò lín
骨板，这些骨板与撕蛙鳄的椎骨相连，叫作鳞
jiǎ néng qǐ dào bǎo hù zuò yòng
甲，能起到保护作用。

撕蛙鳄有着粗壮的四肢，且前后肢长度不同。撕蛙鳄能够直立活动，行动十分敏捷。

xùn měng è

迅猛鳄

xùn měng è shēng huó zài sān dié jì shí qī de cóng lín lǐ shì dāng
迅猛鳄生活在三叠纪时期的丛林里，是当
shí lù dì shàng dǐng jí de lüè shí zhě zhī yī tā men tǐ xíng páng dà
时陆地上顶级的掠食者之一。它们体形庞大，
wài xíng yǔ kǒng lóng xiāng sì xùn měng è de hòu zhī shí fēn cū zhuàng tā
外形与恐龙相似。迅猛鳄的后肢十分粗壮，它
men kě yǐ yī kào hòu zhī zhàn lì qǐ lái dàn shì dà duō shù shí hou tā
们可以依靠后肢站立起来，但是大多数时候，它
men hái shì xiàng è yú yí yàng yòng sì tiáo tuǐ xíng zǒu xùn měng è zài bǔ
们还是像鳄鱼一样用四条腿行走。迅猛鳄在捕
shí shí cháng cháng huì xiān mái fú zài yì páng dāng liè wù kào jìn shí
食时，常常会先埋伏在一旁，当猎物靠近时，
tā men biàn xùn sù chū jī yòng qiáng zhuàng de sì zhī jiāng liè wù zhì fú
它们便迅速出击，用强壮的四肢将猎物制伏。

迅猛鳄的头部很大，嘴巴里长着许许多多巨大且边缘呈锯齿状的锋利牙齿，其上下颌的力量也非常强大，它们就是凭借锋利的牙齿和强大的咬合力给猎物致命一击的。

qiāng gǔ lóng
腔骨龙

qiāng gǔ lóng zuì zǎo chū xiàn zài sān
腔骨龙最早出现在三
dié jì wǎn qī shì jiào zǎo chū xiàn de yì
叠纪晚期，是较早出现的一
zhǒng shòu jiǎo lèi kǒng lóng tā men kàn qǐ
种兽脚类恐龙，它们看起
lái líng qiǎo kě ài qí shí shí fēn cán
来灵巧可爱，其实十分残
bào qiāng gǔ lóng de tóu bù yǒu dà xíng
暴。腔骨龙的头部有大型
kōng dòng qiě sì zhī de gǔ tou yě shì
空洞，且四肢的骨头也是
kōng xīn de suǒ yǐ bèi mìng míng wéi qiāng
空心的，所以被命名为腔
gǔ lóng qiāng gǔ lóng tōng cháng zài hé àn
骨龙。腔骨龙通常在河岸
biān hé sēn lín lǐ bǔ liè zhǔ yào yǐ xiǎo
边和森林里捕猎，主要以小
xíng pá xíng dòng wù wéi shí
型爬行动物为食。

腔骨龙的颈部较长，在身体放松时，颈部呈“S”形，它们可以通过伸直颈部来迅速咬住奔跑速度很快的猎物。

shuāng xíng chǐ yì lóng

双型齿翼龙

shuāng xíng chǐ yì lóng shēng huó zài zhū luó jì zǎo qī, yīn wèi zuǐ ba
双型齿翼龙生活在侏罗纪早期，因为嘴巴
lǐ zhǎng zhe liǎng zhǒng bù tóng lèi xíng de yá chǐ ér dé míng. tā men
里长着两种不同类型的牙齿而得名。它们
de hé bù qián duān de yá chǐ jiào cháng, yòng yú cì chuān liè wù,
的颌部前端的牙齿较长，用于刺穿猎物，
hé bù hòu duān de yá chǐ yòu jiān yòu xiǎo, yòng yú
颌部后端的牙齿又尖又小，用于
jǔ jué shí wù. yǔ zhěng gè shēn tǐ xiāng bǐ, shuāng
咀嚼食物。与整个身体相比，双
xíng chǐ yì lóng de tóu bù xiǎn de tè bié dà, cháng dù jī hū zhàn
型齿翼龙的头部显得特别大，长度几乎占
jù le zhěng gè shēn cháng de sān fēn zhī yī.
据了整个身长的三分之一。

双型齿翼龙的头部很大，但是头颅中有大型空洞，大大减轻了头部的重量。

双型齿翼龙的长牙数量较少，小尖牙数量很多，有30~40颗。

zhēn bí lóng
真鼻龙

zhēn bí lóng shēng huó zài zhū luó jì zǎo qī，shǔ yú dà xíng yú lóng lèi。tā men yǒu zhe yǔ xiàn dài yú lèi xiāng sì de wài xíng，lì rú zhǎng yǒu bèi qí、xiōng qí hé wěi qí。zhēn bí lóng de zuǐ ba hěn yǒu tè diǎn，qí shàng hé de cháng dù shì xià hé de liǎng bèi，zhěng tǐ de xíng zhuàng xiàng yì bǎ jiàn。chú le bǔ shí xiǎo xíng yú lèi，zhēn bí lóng hái shàn cháng yòng cháng cháng de shàng hé lái sōu xún hǎi dǐ de zhí wù yǔ jiǎ qiào lèi dòng wù shí yòng。zhēn bí lóng shēn tǐ qián bù de yí duì xiōng qí tè bié fā dá，zài qí yóu dòng shí néng qǐ dào hěn hǎo de tuī jìn zuò yòng。

真鼻龙生活在侏罗纪早期，属于大型鱼龙类。它们有着与现代鱼类相似的外形，例如长有背鳍、胸鳍和尾鳍。真鼻龙的嘴巴很有特点，其上颌的长度是下颌的两倍，整体的形状像一把剑。除了捕食小型鱼类，真鼻龙还擅长用长长的上颌来搜寻海底的植物与甲壳类动物食用。真鼻龙身体前部的一对胸鳍特别发达，在其游动时能起到很好的推进作用。

真鼻龙的尾鳍大且有力，在游动时能够起到很好的推进作用。科学家推测，真鼻龙可能是同时期海洋爬行动物中游动速度最快的。

lì zī yú

利兹鱼

lì zī yú zhǔ yào shēng huó zài zhū luó jì zhōng
利兹鱼主要生活在侏罗纪中
qī tā men tǐ xíng páng dà bèi rèn wéi kě néng
期。它们体形庞大，被认为可能
shì yǒu shǐ yǐ lái zuì dà de yìng gǔ yú lèi jǐn
是有史以来最大的硬骨鱼类。尽
guǎn yōng yǒu tǐ xíng shàng de yōu shì dàn lì zī yú
管拥有体形上的优势，但利兹鱼
bìng bù yǐ dà xíng dòng wù wéi shí tā men shǔ yú
并不以大型动物为食，它们属于
lǜ shí xìng dòng wù lì zī yú jìn shí shí xiān
滤食性动物。利兹鱼进食时，先
xī rù mǎn mǎn yì kǒu hán yǒu fú yóu shēng wù de hǎi
吸入满满一口含有浮游生物的海
shuǐ rán hòu tōng guò wǎng zhuàng jié gòu de sāi bǎ hǎi
水，然后通过网状结构的鳃把海
shuǐ guò lǜ chū qù zhè zhǒng jìn shí xí guàn yǔ xiàn
水过滤出去，这种进食习惯与现
zài de lán jīng xiāng sì
在的蓝鲸相似。

利兹鱼虽然体形巨大，但没有可以用来抵御掠食者的防御武器，如果多个掠食者同时向其发动攻击，就可能给它造成致命的伤害。科学家在利兹鱼的化石上就曾发现过滑齿龙的咬痕。

huá chǐ lóng

滑齿龙

huá chǐ lóng shēng huó zài zhū luó jì zhōng wǎn qī de hǎi yáng lǐ shì
滑齿龙生活在侏罗纪中晚期的海洋里，是
yì zhǒng tǐ xíng páng dà de ròu shí xìng dòng wù tā men shēn tǐ liǎng cè gòng
一种体形庞大的肉食性动物。它们身体两侧共
zhǎng zhe duì jiǎng zhuàng zhī kě yǐ bāng zhù tā men zài hǎi yáng zhōng yóu
长着2对桨状肢，可以帮助它们在海洋中游
dòng huá chǐ lóng bǔ liè shí zhǔ yào yī kào qí mǐn ruì de xiù jué tā men
动。滑齿龙捕猎时主要依靠其敏锐的嗅觉，它们
néng gòu zài shuǐ zhōng xiù dào
能够在水中嗅到
yuǎn zhì mǐ de qì
远至1 000米的气
wèi huá chǐ lóng chú le
味。滑齿龙除了
ǒu ěr huì fú chū shuǐ miàn
偶尔会浮出水面
hū xī qí tā shí jiān
呼吸，其他时间
dōu zài shuǐ zhōng dù guò
都在水中度过。

滑齿龙的颌部很长，上下颌都长满了牙齿，在已发现的滑齿龙头骨化石中，就有长度超过 7 厘米的巨大牙齿。

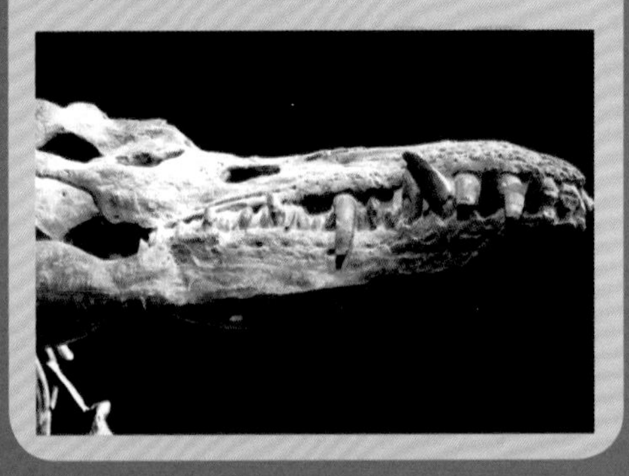

滑齿龙的头部、背部颜色较深，在海洋环境中，很难被位于其上方的动物发现，其腹部颜色较浅，也不易被位于其下方的动物察觉，这种体色具有很好的伪装效果，有利于它们捕食猎物。

huì zuǐ lóng

喙嘴龙

huì zuǐ lóng shì yì zhǒng huì fēi xíng de pá xíng dòng wù shēng
喙嘴龙是一种会飞行的爬行动物，生
huó zài zhū luó jì shí qī tā men quán shēn fù gài zhe xì xiǎo de róng
活在侏罗纪时期。它们全身覆盖着细小的绒
máo yì gǔ zhī jiān de pí mó jiù xiàng niǎo lèi de chì bǎng yí yàng
毛，翼骨之间的皮膜就像鸟类的翅膀一样，
wěi bù de pí mó zé chéng zuàn shí zhuàng zài tā men fēi xíng shí qǐ
尾部的皮膜则呈钻石状，在它们飞行时起
dào bǎo chí shēn tǐ píng héng hé kòng zhì fāng xiàng de zuò yòng gǔ shēng
到保持身体平衡和控制方向的作用。古生
wù xué jiā tuī cè huì zuǐ lóng hěn kě néng shēng huó zài qiǎn hǎi dì
物学家推测，喙嘴龙很可能生活在浅海地
qū yǐ hǎi yáng yú lèi wéi zhǔ yào shí wù
区，以海洋鱼类为主要食物。

喙嘴龙的长尾巴上有韧带，
这使得它们的尾巴直而僵硬。

喙嘴龙口中长有长而尖的利齿，有助于其捕鱼。当喙嘴龙闭合嘴巴时，其上下牙齿会相互交错在一起，这样它们嘴里的猎物就会被牢牢地扣住。

xiá yì yú lóng
狭翼鱼龙

xiá yì yú lóng shēng huó zài zhū luó jì shí qī
狭翼鱼龙生活在侏罗纪时期
de hǎi yáng lǐ yǔ qí tā zhǒng lèi de yú lóng xiāng
的海洋里，与其他种类的鱼龙相
bǐ qí tóu bù jiào xiǎo zuǐ ba jiān jiān de lǐ
比，其头部较小，嘴巴尖尖的，里
miàn bù mǎn le fēng lì de yá chǐ tā men yǒu zhe hé
面布满了锋利的牙齿。它们有着和
hǎi tún yí yàng de liú xiàn xíng shēn tǐ shēn tǐ liǎng cè
海豚一样的流线型身体，身体两侧
zhǎng zhe duì qí zhuàng zhī yǔ qián zhī xiāng bǐ
长着2对鳍状肢，与前肢相比，
xiá yì yú lóng de hòu zhī shí fēn duǎn xiǎo xiá yì yú
狭翼鱼龙的后肢十分短小。狭翼鱼
lóng hái zhǎng zhe sān jiǎo xíng de bèi qí hé xiàng yú yí
龙还长着三角形的背鳍和像鱼一
yàng shàng xià fēn chà de wěi qí zài qí yóu dòng shí
样上下分叉的尾鳍，在其游动时
néng qǐ dào hěn hǎo de tuī jìn zuò yòng
能起到很好的推进作用。

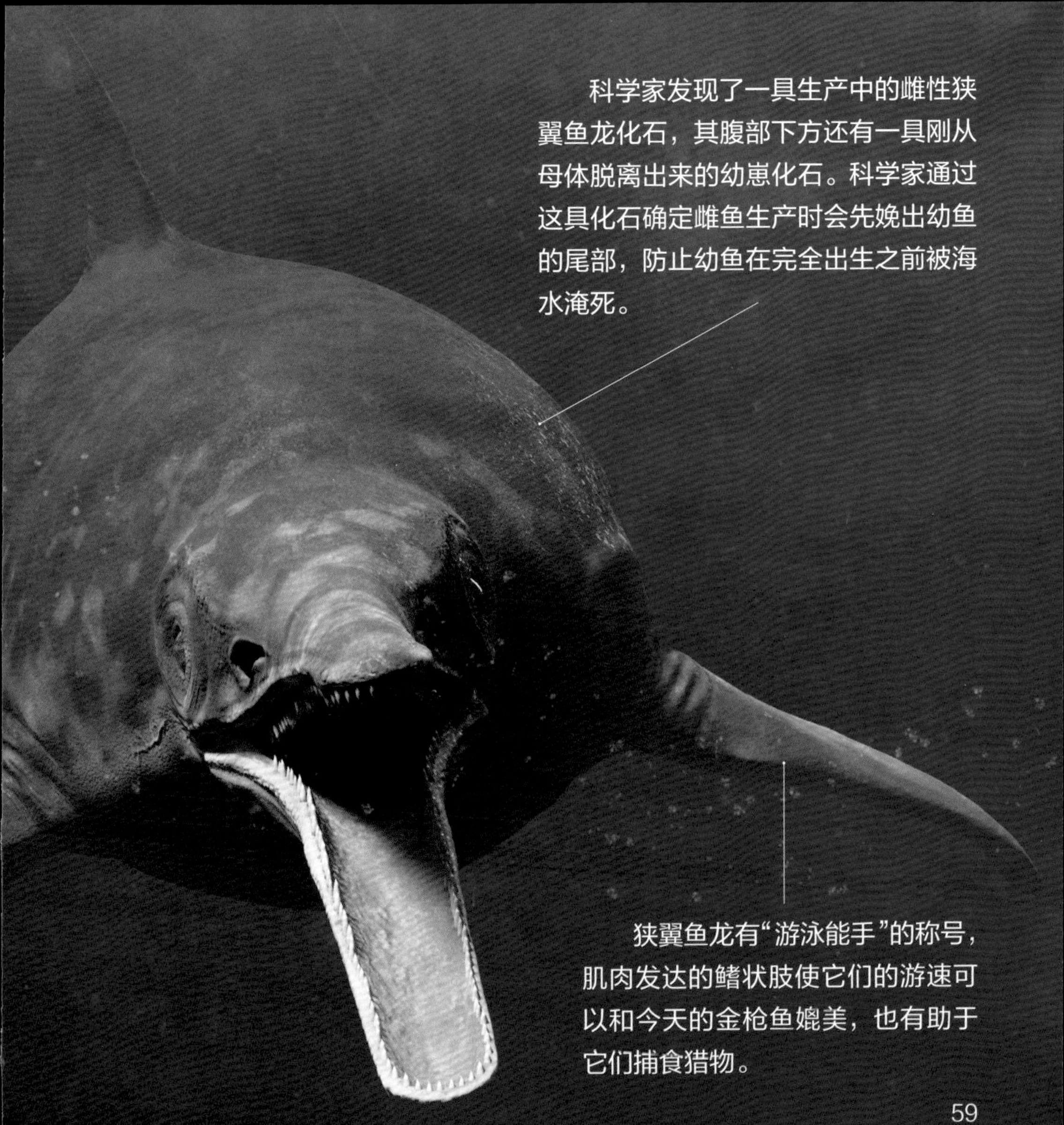

科学家发现了一具生产中的雌性狭翼鱼龙化石，其腹部下方还有一具刚从母体脱离出来的幼崽化石。科学家通过这具化石确定雌鱼生产时会先娩出幼鱼的尾部，防止幼鱼在完全出生之前被海水淹死。

狭翼鱼龙有“游泳能手”的称号，肌肉发达的鳍状肢使它们的游速可以和今天的金枪鱼媲美，也有助于它们捕食猎物。

bān lóng
斑龙

bān lóng yòu bèi chēng wéi jù
斑龙又被称为“巨
chǐ lóng shēng huó zài zhū luó jì shí qī
齿龙”，生活在侏罗纪时期，
shì yì zhǒng tǐ xíng páng dà de ròu shí xìng kǒng lóng tā
是一种体形庞大的肉食性恐龙。它
men yǒu zhe jù dà de tóu bù cháng yuē mǐ zuǐ ba lǐ bù
们有着巨大的头部，长约1米，嘴巴里布
mǎn le jù chǐ zhuàng qiě chǐ duān xiàng hòu wān qū de jù dà yá chǐ
满了锯齿状且齿端向后弯曲的巨大牙齿，
shí fēn fēng lì bān lóng de qián zhī jiào duǎn xiǎo dàn zhǐ zhǎo
十分锋利。斑龙的前肢较短小，但趾爪
cháng qiě fēng lì néng gòu qīng sōng sī kāi dòng wù de pí
长且锋利，能够轻松撕开动物的皮
ròu qí hòu zhī qiáng zhuàng yǒu lì jī hū zhī chēng zhe
肉，其后肢强壮有力，几乎支撑着
shēn tǐ de quán bù zhòng liàng bān lóng bú shì zuì zǎo bèi
身体的全部重量。斑龙不是最早被
fā xiàn de kǒng lóng què shì dì yī zhǒng bèi zhèng shì
发现的恐龙，却是第一种被正式
mìng míng de kǒng lóng
命名的恐龙。

斑龙的双颌很长，里面长满了像匕首一样的尖利牙齿。

mǎ mén xī lóng

马门溪龙

mǎ mén xī lóng shēng huó zài zhū luó jì shí qī tā men de bó zi
马门溪龙生活在侏罗纪时期，它们的脖子
fēi cháng cháng jǐng zhuī gǔ shù liàng duō dá kuài shì suǒ yǒu kǒng lóng
非常长，颈椎骨数量多达19块，是所有恐龙
zhōng jǐng zhuī gǔ shù liàng zuì duō de mǎ mén xī lóng bó zi de cháng dù xiāng
中颈椎骨数量最多的。马门溪龙脖子的长度相
dāng yú shēn cháng de yí bàn tā men lì yòng bó zi cháng de yōu shì
当于身长的一半，它们利用脖子长的优势，
néng qīng sōng chī dào qí tā kǒng lóng chī bú dào de gāo chù shù yè yǔ qí
能轻松吃到其他恐龙吃不到的高处树叶。与其
páng dà de shēn qū xiāng bǐ mǎ mén xī lóng de tóu bù xiǎn de tè bié
庞大的身躯相比，马门溪龙的头部显得特别
xiǎo zuǐ ba lǐ de yá chǐ yě fēi cháng xì xiǎo yīn cǐ tā
小，嘴巴里的牙齿也非常细小，因此它
men zhǐ néng yǐ róu nèn duō zhī de zhí wù wéi shí
们只能以柔嫩多汁的植物为食。

因为体形庞大，所以马门溪龙的化石常常被放置在博物馆的中心位置展览。

你知道吗

科学家认为，马门溪龙大多生活在湖泊、沼泽等水源充沛的地方。在交配季节，雄性马门溪龙为了获得雌性的青睐，会用尾巴相互抽打来竞争。

wàn lóng
腕龙

wàn lóng chū xiàn zài zhū luó jì wǎn qī shì yì zhǒng tǐ xíng páng dà
腕龙出现在侏罗纪晚期，是一种体形庞大
de xī jiǎo lèi kǒng lóng tā men yǒu zhe cháng cháng de jǐng bù cháng dù
的蜥脚类恐龙。它们有着长长的颈部，长度
yuē zhàn shēn tǐ zǒng cháng dù de sān fēn zhī yī wàn lóng hái yǒu zhe zhù zi
约占身体总长度的三分之一。腕龙还有着柱子
bān cū zhuàng de sì zhī zhǔ yào yòng yú xíng zǒu hé zhī chēng shēn tǐ de
般粗壮的四肢，主要用于行走和支撑身体的
zhòng liàng cǐ wài tā men de hòu zhī bǐ qián zhī duǎn de duō qiě wěi
重量。此外，它们的后肢比前肢短得多，且尾
ba méi yǒu zhī chēng shēn tǐ de néng lì bù néng fēn dān shēn tǐ de
巴没有支撑身体的能力，不能分担身体的
zhòng liàng yīn cǐ wàn lóng wú fǎ jǐn yòng hòu zhī zhàn lì
重量，因此腕龙无法仅用后肢站立。

腕龙的脖子无法像长颈鹿那样向上 90 度垂直抬起，它们只能抬到 50 度左右。腕龙的标准姿势就是头颈斜向上抬起，尽管角度受限，但它们依然能够吃到树顶的嫩叶。
腕龙的牙齿整齐锋利，可以轻松咬断较嫩的树枝。

jiàn lóng
剑龙

jiàn lóng zhǔ yào shēng huó zài zhū luó jì wǎn qī shì yì zhǒng tǐ xíng
剑龙主要生活在侏罗纪晚期，是一种体形
páng dà de zhí shí xìng kǒng lóng tā men zuì tū chū de tè zhēng shì bèi shàng
庞大的植食性恐龙。它们最突出的特征是背上
fēn bù zhe dà xíng gǔ bǎn kàn shàng qù xiàng lián mián qǐ fú de xiǎo shān
分布着大型骨板，看上去像连绵起伏的小山。
suī rán zhè xiē gǔ bǎn kàn qǐ lái jí yǒu wēi shè lì dàn shì qí nèi bù yǒu
虽然这些骨板看起来极有威慑力，但是其内部有
hěn duō xì xiǎo de kōng dòng bìng bù jiē shi wú fǎ qǐ dào fáng yù de
很多细小的空洞，并不结实，无法起到防御的
zuò yòng yǒu de kē xué jiā rèn wéi zhè xiē gǔ bǎn kě néng shì jiàn lóng
作用。有的科学家认为，这些骨板可能是剑龙
yòng lái tiáo jié tǐ wēn de
用来调节体温的。

剑龙身体粗壮，脑袋却很小，脖子也较短，这说明它们可能主要以较低处的灌木为食。

始祖鸟

始祖鸟生活在侏罗纪晚期，它们的名字中虽然带有“鸟”字，但它们并不属于鸟类。始祖鸟的颌部长有肉食性恐龙才有的牙齿，科学家普遍认为，它们其实是一种长有羽毛的恐龙。始祖鸟虽然长有羽毛，却缺乏飞行所需要的强健肌肉，因而其飞行能力不佳，只能短距离滑翔。

迄今为止，人们已经发现了多具始祖鸟化石，其中一些保存得非常完好，不仅骨骼齐全，还能看到清晰的羽毛印痕。

kè róu lóng
克柔龙

kè róu lóng shēng huó zài bái è jì shí qī shì yì zhǒng tǐ xíng páng
克柔龙生活在白垩纪时期，是一种体形庞
dà de hǎi yáng pá xíng dòng wù kè róu lóng de zuǐ ba fēi
大的海洋爬行动物。克柔龙的嘴巴非
cháng dà yá chǐ cháng dù chāo guò lí mǐ qí qián duān
常大，牙齿长度超过7厘米，其前端
de yá chǐ chéng yuán zhuī zhuàng hòu duān de yá chǐ shāo dùn
的牙齿呈圆锥状，后端的牙齿稍钝
yì xiē kě yǐ yòng lái niǎn suì yǒu yìng ké de dòng wù
一些，可以用来碾碎有硬壳的动物。
kè róu lóng de qián zhī biǎn píng chéng qí zhuàng tā men tōng
克柔龙的前肢扁平，呈鳍状，它们通
guò bǎi dòng qián zhī lái chǎn shēng qián jìn de dòng lì bìng
过摆动前肢来产生前进的动力，并
kòng zhì qián jìn de fāng xiàng
控制前进的方向。

克柔龙有一个非常大的特点，那就是它的嘴巴和脑袋几乎一样长。

你知道吗
克柔龙与蛇颈龙不同的是，克柔龙在进化过程中，颈部和身长都大幅缩短了，这样有助于提高游速。

jí lóng
棘龙

jí lóng shēng huó zài bái è jì
棘龙生活在白垩纪

shí qī shì mù qián yǐ zhī de tǐ xíng
时期，是目前已知的体形

zuì dà de ròu shí xìng kǒng lóng jí
最大的肉食性恐龙。棘

lóng zuì xiǎn zhù de tè zhēng shì bèi bù
龙最显著的特征是背部

nà miàn jù dà de bèi fān qí kě
那面巨大的背帆，其可

néng shì yòng lái tiáo jié tǐ wēn huò xī
能是用来调节体温或吸

yǐn yì xìng de yě kě néng shì yòng
引异性的，也可能是用

lái chǔ cún zhī fáng wèi shēn tǐ tí
来储存脂肪，为身体提

gōng néng liàng de
供能量的。

有的科学家认为，棘龙像鳄鱼一样，既能在水中活动，又能在陆地上活动。

棘龙的嘴巴里布满了圆锥状的牙齿，这些牙齿上下嵌合，可以固定住湿滑的鱼类。

沧龙

沧龙生活在白垩纪时期，是当时海洋中的顶级掠食者之一。沧龙的外形大致呈长筒状，腹部有2对鳍状肢，身体十分灵活，在游动时可以像蛇一样来回摆动。幼年期的沧龙可能会受到鲨鱼的威胁，但成年后的沧龙非常厉害，它们拥有多排牙齿，爆发力也很强，在战斗中所向披靡，是海洋里的“大海怪”。

沧龙的头部非常强壮，宽大的嘴巴里长满了锋利的圆锥状牙齿，这些特点让其拥有强大的咬合力，可以将猎物拦腰咬断。

沧龙的外形与现在的巨蜥有些相似，但沧龙长期生活在水中，体形更接近流线型。

wú chǐ yì lóng
无齿翼龙

wú chǐ yì lóng shēng huó zài bái è jì shí qī yīn méi yǒu zhǎng yá
无齿翼龙生活在白垩纪时期，因没有长牙
chǐ ér dé míng wú chǐ yì lóng de huì tè bié cháng yǒu lì yú tā men
齿而得名。无齿翼龙的喙特别长，有利于它们
bǔ zhuō yú lèi qí tóu bù hái zhǎng le yí gè xiàng suō zi yí yàng de jǐ
捕捉鱼类。其头部还长了一个像梭子一样的脊
guān zhè ge jǐ guān kě néng shì yòng yú qiú ǒu huò zài fēi xíng shí kòng zhì
冠，这个脊冠可能是用于求偶或在飞行时控制
fāng xiàng de wú chǐ yì lóng de shì lì jí jiā néng gòu xùn sù
方向的。无齿翼龙的视力极佳，能够迅速
fā xiàn liè wù de wèi zhì tā men suī rán zhǎng yǒu
发现猎物的位置。它们虽然长有
chì bǎng dàn bù néng cháng shí jiān
翅膀，但不能长时间
fēi xíng dà bù fen
飞行，大部分
shí jiān zhǐ néng yī kào gāo kōng qì liú zài hǎi yáng shàng kōng huá xiáng
时间只能依靠高空气流在海洋上空滑翔。

无齿翼龙以各种鱼类为食，有时也捕捉海鸟。科学家猜测无齿翼龙是一种群居动物。

fēng shén yì lóng

风神翼龙

fēng shén yì lóng shēng huó zài bái è jì shí qī tā men de yì
风神翼龙生活在白垩纪时期，它们的翼
zhǎn cháng dù kě dá mǐ shì yì zhǒng tǐ xíng páng dà de fēi xíng dòng
展长度可达 11 米，是一种体形庞大的飞行动
wù fēng shén yì lóng de gǔ gé qīng yíng zhè yǒu zhù
物。风神翼龙的骨骼轻盈，这有助
yú tā men cháng tú fēi xíng qí tóu bù zhǎng yǒu jǐ
于它们长途飞行。其头部长有脊
guān wèi yú yǎn kuàng de qián shàng fāng tā men de bó zi hěn cháng zài
冠，位于眼眶的前上方。它们的脖子很长，在
chì bǎng yǔ tóu bù zhī jiān yǒu jī ròu zhī chēng jiā shàng tā men nà xì cháng
翅膀与头部之间有肌肉支撑，加上它们那细长
de shuāng tuǐ yuǎn yuǎn kàn qù qí zhěng tǐ xíng tài yǔ xiàn zài de hè huò
的双腿，远远看去，其整体形态与现在的鹤或
guàn fēi cháng xiāng sì kē xué jiā tuī cè fēng shén yì lóng yǐ xiǎo xíng kǒng
鹳非常相似。科学家推测，风神翼龙以小型恐
lóng huò kǒng lóng yòu zǎi wéi shí
龙或恐龙幼崽为食。

风神翼龙的脖子较为僵硬，无法一边飞行一边低头捕食，它们的爪也很小，无法立于沼泽中。科学家由此推测，风神翼龙很可能是在陆地上捕食猎物的。

薄片龙

薄片龙生活在白垩纪晚期，是蛇颈龙类的代表。它们最显著的特点就是脖子特别长，其长度几乎是体长的一半，有的薄片龙颈椎骨数量甚至超过70块，与之形成强烈反差的是它们那小小的脑袋。薄片龙的攻击力很弱，无法对大型猎物发动攻击。它们生活在海洋中，利用长脖子的优势对猎物进行偷袭，主要以鱼类、贝类、乌贼等为食。薄片龙会吞食海底的小型鹅卵石，这些石头能帮助它们磨碎胃里的食物，有助于消化。

薄片龙的嘴巴里长着锐利的尖牙齿，有助于其捕食鱼类。

bà wáng lóng

霸王龙

bà wáng lóng chū xiàn zài
霸王龙出现在
bái è jì wǎn qī tā men
白垩纪晚期，它们
de qián zhī fēi cháng duǎn xiǎo
的前肢非常短小，
cháng dù zhǐ yǒu hòu zhī de wǔ fēn zhī yī kē
长度只有后肢的五分之一，科
xué jiā cāi cè zhè liǎng zhī qián zhī zhǔ yào yòng lái bǎo
学家猜测这两只前肢主要用来保
chí shēn tǐ píng héng bà wáng lóng suī rán bú shì tǐ
持身体平衡。霸王龙虽然不是体
xíng zuì dà de ròu shí xìng kǒng lóng dàn jué duì shì zuì xiōng
形最大的肉食性恐龙，但绝对是最凶
měng de tóng shí qī de qí tā dòng wù jī hū dōu shì tā men de bǔ
猛的，同时期的其他动物几乎都是它们的捕
shí duì xiàng yě zhèng shì yīn wèi tā men rú cǐ cán bào suǒ yǐ dé míng
食对象，也正是因为它们如此残暴，所以得名
bà wáng lóng
霸王龙。

霸王龙体形庞大，科学家曾在美国南达科他州发现过身长达 12.8 米的霸王龙化石。霸王龙尾巴的长度差不多是其体长的一半，其尾巴主要用来保持身体的平衡。

你知道吗

霸王龙是暴龙的一种，在古希腊文中意为“残暴的蜥蜴王”。它是电影《侏罗纪公园》中的主角，也因此电影而威名远播。

sān jiǎo lóng
三角龙

sān jiǎo lóng shēng huó zài bái è jì wǎn qī qí bí kǒng shàng fāng
三角龙生活在白垩纪晚期，其鼻孔上方
yǒu yì gēn duǎn jiǎo yǎn jing shàng fāng yǒu liǎng gēn cháng dù kě dá mǐ
有一根短角，眼睛上方有两根长度可达1米
de cháng jiǎo tā men yě yīn cǐ dé míng sān jiǎo lóng sān jiǎo lóng de bó
的长角，它们也因此得名三角龙。三角龙的脖
zi shí fēn líng huó zhè shǐ tā men bù jǐn kě yǐ chī dào shù shàng de yè
子十分灵活，这使它们不仅可以吃到树上的叶
zi yě néng chī dào dì bèi zhí wù tā men jìn shí shí huì xiān yòng
子，也能吃到地被植物。它们进食时，会先用
huì zhuàng zuǐ jiāng jiān rèn de zhí wù sī chě xià lái rán hòu zài yòng jiān lì
喙状嘴将坚韧的植物撕扯下来，然后再用尖利
de yá chǐ jiāng zhí wù qiē suì
的牙齿将植物切碎。

大多数角龙类恐龙的头盾上都有大型空洞，但三角龙的头盾却是实心的，因此它们的头颅非常结实。

科学家发现，有些种类的三角龙尾部和背部均长有鬃毛或硬刺，腹部还有与现代鳄鱼相似的带状鳞片。

甲龙

甲龙生活在白垩纪晚期，又被称为“装甲恐龙”。它们的头部扁扁的，呈三角形，脸部覆盖着甲片，像戴着一个头盔。甲龙背部长有坚硬的骨板和小块结节，骨板与结节之间是厚实的角质层，这种结构被称为“皮内成骨”。远远看去，甲龙仿佛穿了一件铠甲，这也是其得名的原因。

甲龙是一种植食性恐龙，它们身体笨重，且四肢粗短，只能在地上缓慢爬行，看上去有点像坦克，所以又被称为“坦克龙”。

甲龙尾部末端长有球状骨质尾锤，多用于自我保护。

bāo tóu lóng
包头龙

bāo tóu lóng shēng huó zài bái è jì wǎn qī shì yì zhǒng zhí shí xìng
包头龙生活在白垩纪晚期，是一种植食性
kǒng lóng tā men yǔ qí tā de jiǎ lóng lèi kǒng lóng yí yàng lú gǔ biǎn
恐龙。它们与其他的甲龙类恐龙一样，颅骨扁
píng chéng sān jiǎo xíng tóu bù hé bèi bù dōu fù gài zhe hòu hòu de jiǎ
平，呈三角形，头部和背部都覆盖着厚厚的甲
bǎn zhè yǒu zhù yú tā men dǐ yù lüè shí zhě de gōng jī bāo tóu lóng de
板，这有助于它们抵御掠食者的攻击。包头龙的
shēn tǐ suī rán bèn zhòng dàn zú bù bǐ jiào líng huó néng gòu qīng sōng de
身体虽然笨重，但足部比较灵活，能够轻松地
páo kāi dì miàn de ní tǔ xún zhǎo shí wù cǐ wài tā men de bí zi
刨开地面的泥土寻找食物。此外，它们的鼻子
jié gòu jiào wéi tè shū yīn ér xiù jué kě néng shí fēn líng mǐn
结构较为特殊，因而嗅觉可能十分灵敏。

目前已发现的包头龙化石有数十具，其中有一些保存得非常完整，这些化石有助于科学家进一步研究、了解包头龙。

包头龙柔软的腹部由于缺少甲板的保护，成了掠食者重点攻击的部位，这里也是包头龙的致命弱点。

zhǒng tóu lóng
肿头龙

肿头龙生活在白垩纪晚期，它们的外形十分奇特，头部被厚厚的骨板覆盖，向外凸起，形成了一个坚硬的骨质圆顶，因此得名肿头龙。肿头龙的前肢非常短小，后肢长且粗壮，这表明它们主要用后肢奔跑，且速度极快。肿头龙的尾部还长有一簇骨状的肌腱，可以使其尾巴保持坚挺，以此来保持身体平衡。

关于肿头龙厚厚的头盖骨，有人认为是用来互相打斗的，但其颈部短而弯曲，头部的力量并不大，因此也有人对这种说法产生怀疑。

扫一扫 听一听

xīn shēng dài dòng wù

新生代动物

xīn shēng dài shì dì qiú lì shǐ shàng zuì xīn de yí
新生代是地球历史上最新的一

gè dì zhì nián dài tā cóng jù jīn yuē wàn nián kāi
个地质年代，它从距今约 6 600 万年开

shǐ yì zhí yán xù zhì jīn bāo kuò gǔ jìn jì xīn
始，一直延续至今，包括古近纪、新

jìn jì hé dì sì jì zhè ge shí qī shēng wù jiè zhú
近纪和第四纪。这个时期，生物界逐

jiàn chéng xiàn xiàn dài de miàn mào suǒ yǐ xīn shēng dài yě
渐呈现现代的面貌，所以新生代也

yì zhǐ xiàn dài shēng wù de shí dài shēng huó zài zhè
意指“现代生物的时代”。生活在这

yì shí qī de dòng wù yǒu tǐ xíng páng dà de jù chǐ shā
一时期的动物有体形庞大的巨齿鲨、

xiōng měng cán bào de měi zhōu jiàn chǐ hǔ wēn shùn ān jìng
凶猛残暴的美洲剑齿虎、温顺安静

de jù xī děng bǔ rǔ lèi dòng wù zài zhè yì shí qī zhàn
的巨犀等，哺乳类动物在这一时期占

jù jué duì yōu shì
据绝对优势。

jiā sī dùn niǎo

加斯顿鸟

jiā sī dùn niǎo yòu míng gē shì niǎo shēng huó zài gǔ jìn jì
加斯顿鸟又名“戈氏鸟”，生活在古近纪
shí qī zài kǒng lóng miè jué hòu tā men chéng le lù dì shàng de bà
时期，在恐龙灭绝后，它们成了陆地上的霸
zhǔ jiā sī dùn niǎo bù néng zài kōng zhōng fēi xiáng zhǐ néng zài lù dì
主。加斯顿鸟不能在空中飞翔，只能在陆地
shàng huó dòng tā men tǐ xíng páng dà shēn tǐ guò zhòng yǒu de shēn gāo
上活动。它们体形庞大，身体过重，有的身高
shèn zhì chāo guò le mǐ yīn cǐ xíng dòng jiào wéi huǎn màn kē xué jiā
甚至超过了2米，因此行动较为缓慢。科学家
cāi cè jiā sī dùn niǎo kě néng huì mái fú zài shù lín de jiǎo luò lǐ
猜测，加斯顿鸟可能会埋伏在树林的角落里，
xiàng liè wù fā dòng chū qí bú yì de xí jī
向猎物发动出其不意的袭击。

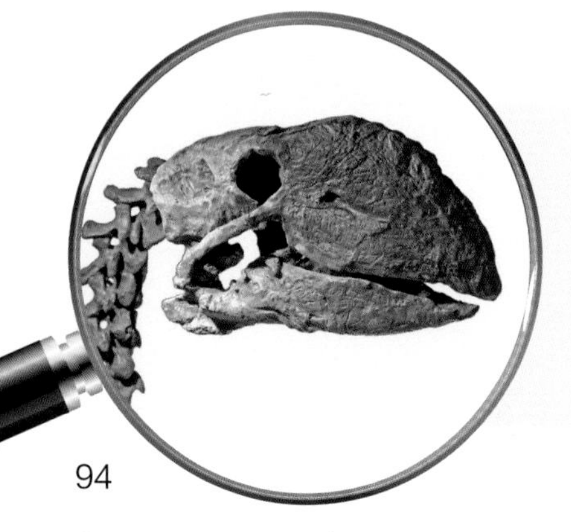

加斯顿鸟长有强壮且锋利的喙，它们的喙可能是用来攻击和捕获猎物的“武器”，也可能只是用于咬碎坚硬的果实。

tài tǎn niǎo

泰坦鸟

tài tǎn niǎo shēng huó zài gǔ jìn jì shí qī shì yì zhǒng tǐ xíng
泰坦鸟生活在古近纪时期，是一种体形
páng dà de ròu shí xìng niǎo lèi tā men zuì xiǎn zhù de tè zhēng shì zhǎng zhe
庞大的肉食性鸟类。它们最显著的特征是长着
yì zhī jù dà de huì qí shā shāng lì jí qiáng néng gòu gěi liè wù zào
一只巨大的喙，其杀伤力极强，能够给猎物造
chéng jí dà de shāng hài tài tǎn niǎo de hòu tuǐ qiáng zhuàng yǒu
成极大的伤害。泰坦鸟的后腿强壮有
lì bēn pǎo sù dù fēi cháng kuài shí sù kě
力，奔跑速度非常快，时速可
dá qiān mǐ tài tǎn niǎo de zú bù
达65千米。泰坦鸟的足部
hái zhǎng yǒu jiān gōu zhǎo kě yǐ qīng yì de
还长有尖钩爪，可以轻易地
sī kāi liè wù de pí ròu
撕开猎物的皮肉。

泰坦鸟又被称为“不翼鸟”，意思是不会飞的鸟，这是因为泰坦鸟的双翼在进化过程中逐渐退化，因此它们只能在陆地上生活。

zhòng jiǎo shòu

重脚兽

zhòng jiǎo shòu shēng huó zài gǔ jìn jì shí qī, tā men de wài xíng yǔ xiàn zài de xī niú jí wéi xiāng sì, dàn tā men hé xī niú méi yǒu shén me guān xì, fǎn ér hé xiàn dài de dà xiàng yǒu zhe qīn yuán guān xì。zhòng jiǎo shòu zuì dà de tè diǎn shì bí zi shàng fāng zhǎng zhe yí duì yòu cū yòu cháng de yuán zhuī zhuàng jù jiǎo, cǐ wài, tā men de tóu shàng hái yǒu yí duì xiǎo xiǎo de gǔ zhì jiǎo。zhòng jiǎo shòu yuē yǒu kē yá chǐ, jiān gù de yá chǐ shǐ tā men kě yǐ qīng sōng jiáo suì zhí wù de guǒ shí。

重脚兽生活在古近纪时期，它们的外形与现在的犀牛极为相似，但它们和犀牛没有什么关系，反而和现代的大象有着亲缘关系。重脚兽最大的特点是鼻子上方长着一对又粗又长的圆锥状巨角，此外，它们的头上还有一对小小的骨质角。重脚兽约有44颗牙齿，坚固的牙齿使它们可以轻松嚼碎植物的果实。

你知道吗

重脚兽喜欢居住在河谷地带的灌木丛中，它们体形庞大，不容易被掠食者捕杀，很少有动物能够威胁到它们。

重脚兽的双角是中空的，一般不会被撞碎，但是一旦碎掉就无法再长出来了。

王雷兽

wáng léi shòu

王雷兽主要生活在古近纪时期，它们最突出的特征是鼻子上方长着一个向两侧分叉生长且末端较为圆钝的角。王雷兽的头部较大，由强劲的颈部肌肉支撑着。它们的外形与今天的犀牛较为相似：体形庞大，长着粗短的四肢和宽厚的脚掌，还有一条与身体不相称的小尾巴。

王雷兽鼻子上方的角是它们抵御掠食者的有力武器。

shǐ zǔ xiàng
始祖象

shǐ zǔ xiàng shēng huó zài gǔ jìn jì zǎo qī, shì yì zhǒng zhí shí
始祖象生活在古近纪早期，是一种植食
xìng dòng wù。zhī suǒ yǐ chēng qí wéi shǐ zǔ xiàng, shì
性动物。之所以称其为始祖象，是
yīn wèi kē xué jiā tōng guò duì shǐ zǔ xiàng huà shí
因为科学家通过对始祖象化石
de yán jiū fā xiàn, tā men jù yǒu xiàn
的研究发现，它们具有现
dài dà xiàng jìn huà qián de yì xiē tè
代大象进化前的一些特
zhēng。shǐ zǔ xiàng de tǐ xíng yǔ xiàn
征。始祖象的体形与现
zài de hé mǎ xiāng sì, shēng huó xí
在的河马相似，生活习
xìng yě yǔ hé mǎ xiāng jìn。tā men
性也与河马相近。它们
de shēn tǐ bǐ jiào bèn zhòng, sì zhī
的身体比较笨重，四肢
duǎn xiǎo cū zhuàng。
短小粗壮。

始祖象的上唇十分灵活，这有利于它们在溪流和湖泊地带寻找食物。始祖象主要以水生植物为食。

wán chǐ shòu

完齿兽

wán chǐ shòu zhǔ yào shēng huó zài gǔ jìn jì shí qī shì yì zhǒng
完齿兽主要生活在古近纪时期，是一种
zá shí xìng dòng wù tā men yǔ jīn tiān de zhū jí qí tā yǒu tí dòng
杂食性动物。它们与今天的猪及其他有蹄动
wù yǒu yí dìng de qīn yuán guān xì wán chǐ shòu de
物有一定的亲缘关系。完齿兽的
tǐ xíng yǔ niú xiāng sì tā men tóu bù hěn
体形与牛相似，它们头部很
dà zuǐ ba yě yòu cháng yòu dà
大，嘴巴也又长又大。

kǎo gǔ xué jiā fā xiàn wán chǐ shòu
考古学家发现，完齿兽
zài bó dòu shí jīng cháng yòng zuǐ ba yǎo zhù duì
在搏斗时，经常用嘴巴咬住对
fāng de tóu cǐ wài wán chǐ shòu de tóu
方的头。此外，完齿兽的头
bù hái zhǎng yǒu gǔ yóu kě néng shì wèi
部还长有骨疣，可能是为
le zì wǒ bǎo hù ér jìn huà chū lái de
了自我保护而进化出来的。

完齿兽的牙齿呈丘齿状，且较为完整，它们也因此而得名。完齿兽主要以腐尸和植物为食，有时也会猎食行动迟缓的动物。

jù xī
巨犀

jù xī zhǔ yào shēng huó zài gǔ jìn jì dào xīn jìn jì shí qī tā
巨犀主要生活在古近纪到新近纪时期，它
men shēn cháng kě dá mǐ shì yì zhǒng tǐ xíng jù dà de bǔ rǔ dòng
们身长可达8米，是一种体形巨大的哺乳动
wù yǔ qí páng dà de shēn qū xiāng bǐ jù xī de tóu bù tè bié
物。与其庞大的身躯相比，巨犀的头部特别
xiǎo é bù wēi wēi lóng qǐ guāng huá wú jiǎo jù xī shì yì zhǒng zhí
小，额部微微隆起，光滑无角。巨犀是一种植
shí xìng dòng wù zhǔ yào yǐ shù guān shàng de yè zi wéi shí tā men
食性动物，主要以树冠上的叶子为食。它们
de sì zhī cū zhuàng yǒu lì dàn yīn qí shēn tǐ guò zhòng suǒ yǐ
的四肢粗壮有力，但因其身体过重，所以
xíng dòng jiào wéi huǎn màn suí zhe dì qiú qì hòu zhú jiàn biàn
行动较为缓慢。随着地球气候逐渐变
lěng shù mù yě yuè lái yuè shǎo jù xī bù dé bù cóng sēn
冷，树木也越来越少，巨犀不得不从森
lín qiān xǐ dào cǎo yuán quán qiú qì hòu biàn lěng shì dǎo zhì jù
林迁徙到草原，全球气候变冷是导致巨
xī miè jué de zhǔ yào yuán yīn
犀灭绝的主要原因。

巨犀为了觅食，往往需要长途跋涉，这使它们进化出抗压能力极强的足部，其抗压能力已经突破了今天犀牛足压的极限。

jù chǐ shā

巨齿鲨

jù chǐ shā shēng huó zài gǔ jìn jì wǎn qī zhì xīn jìn jì zǎo qī tā men tǐ xíng páng dà tǐ zhòng kě dá dūn dà yuē hé tóu dà xiàng yí yàng zhòng zài dāng shí de hǎi yáng zhōng jù chǐ shā de tiān dí bìng bù duō tā men píng jiè jīng rén de yǎo hé lì hé fēi kuài de yóu sù zài hǎi yáng zhōng liè shí jīng yú hǎi tún hé hǎi bào děng dòng wù shì dāng shí hǎi yáng zhōng de dǐng jí lüè shí zhě zhī yī

巨齿鲨生活在古近纪晚期至新近纪早期，它们体形庞大，体重可达100吨，大约和30头大象一样重。在当时的海洋中，巨齿鲨的天敌并不多，它们凭借惊人的咬合力和飞快的游速，在海洋中猎食鲸鱼、海豚和海豹等动物，是当时海洋中的顶级掠食者之一。

巨齿鲨是软骨鱼类，因此很难找到它们完整的骨骼化石。但是它们一生都在长牙，牙齿会不断脱落，古生物学家发现了很多巨齿鲨牙齿的化石。

kǒng māo

恐猫

kǒng māo chū xiàn zài dà yuē wàn nián
恐猫出现在大约500万年
qián tā men de wài xíng yǔ jīn tiān de māo kē
前。它们的外形与今天的猫科
dòng wù jiào wéi xiāng sì kǒng māo zuì shàn cháng
动物较为相似。恐猫最擅长
bǔ shí líng zhǎng lèi dòng wù rén men céng zài
捕食灵长类动物，人们曾在
kǒng māo huà shí zhōu wéi fā xiàn dài yǒu kǒng māo
恐猫化石周围发现带有恐猫
chǐ hén de nán fāng gǔ yuán tóu gǔ huà shí kě
齿痕的南方古猿头骨化石，可
jiàn kǒng māo shì rén lèi yuǎn zǔ nán fāng
见，恐猫是人类远祖——南方
gǔ yuán de tiān dí zài bǔ shí shí kǒng māo
古猿的天敌。在捕食时，恐猫
zǒng shì tōu tōu de qián fú zài liè wù zhōu wéi
总是偷偷地潜伏在猎物周围，
chèn qí bú bèi fā dòng xí jī
趁其不备，发动袭击。

恐猫的牙齿短而直，呈短刀状，可以轻松地咬断猎物的颈部。

chǎn chǐ xiàng
铲齿象

chǎn chǐ xiàng chū xiàn zài xīn jìn jì shí
铲齿象出现在新近纪时
qī tā men xià hé chù de xiàng yá yòu cháng
期，它们下颌处的象牙又长
yòu biǎn bìng lǒng qǐ lái shí xiàng yì bǎ dà
又扁，并拢起来时像一把大
chǎn zi yīn cǐ dé míng chǎn chǐ xiàng chǎn
铲子，因此得名铲齿象。铲
chǐ xiàng yǔ jīn tiān de dà xiàng bǐ jiào xiāng sì
齿象与今天的大象比较相似
de dì fang zài yú tā men de shàng hé dōu
的地方在于：它们的上颌都
zhǎng yǒu liǎng gēn xiàng yá chǎn chǐ xiàng de
长有两根象牙。铲齿象的
liǎng gēn xiàng yá suī rán bǐ jiào duǎn dàn shì
两根象牙虽然比较短，但是
mò duān fēi cháng jiān lì kě yǐ yòng lái dǐ
末端非常尖利，可以用来抵
yù lüè shí zhě de gōng jī
御掠食者的攻击。

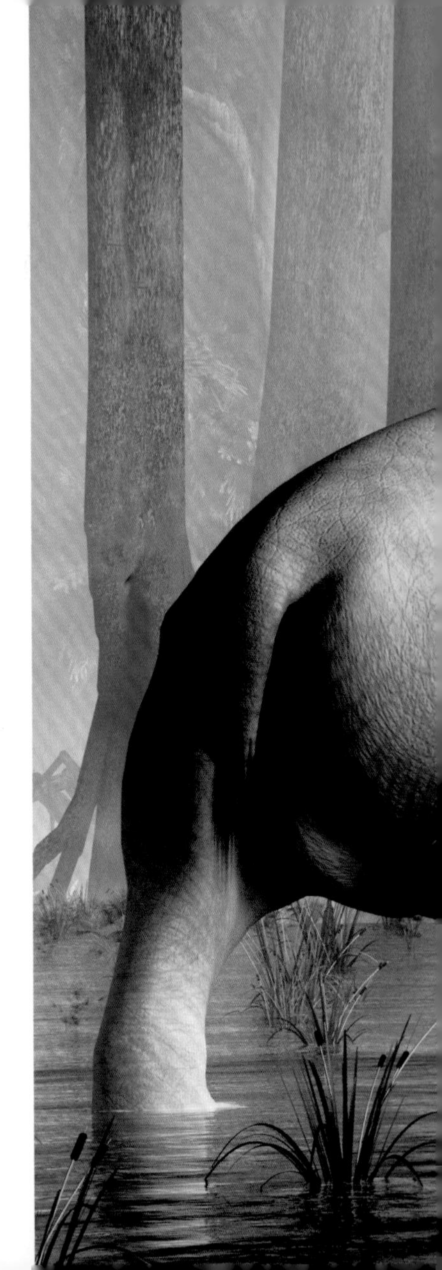

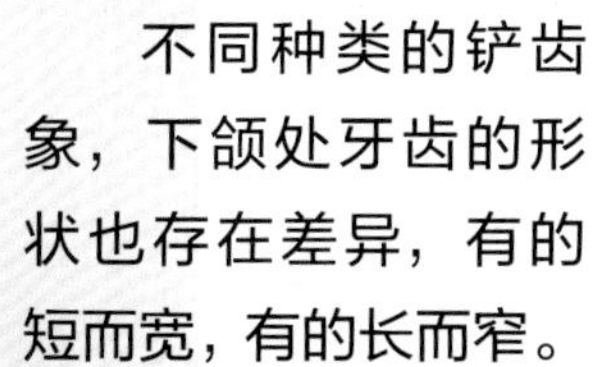

不同种类的铲齿象，下颌处牙齿的形状也存在差异，有的短而宽，有的长而窄。

铲齿象主要生活在湖边，以浅水中的植物为食，依靠下颌处奇特的象牙和鼻子相互配合来进食。

měi zhōu jiàn chǐ hǔ
美洲剑齿虎

měi zhōu jiàn chǐ hǔ yòu bèi chēng wéi rèn chǐ hǔ tā
美洲剑齿虎又被称为“刃齿虎”，它
men shēng huó yú xīn jìn jì shí qī shì yì zhǒng dà xíng de
们生活于新近纪时期，是一种大型的
māo kē dòng wù tā men de quǎn chǐ kàn shàng qù shí fēn
猫科动物。它们的犬齿看上去十分
xià rén shí jì shàng què fēi cháng róng yì duàn
吓人，实际上却非常容易断
liè yīn ér zhǐ néng yòng lái gōng jī liè
裂，因而只能用来攻击猎
wù róu ruǎn de fù bù hé hóu lóng zài
物柔软的腹部和喉咙。在
bǔ shí shí měi zhōu jiàn chǐ hǔ
捕食时，美洲剑齿虎
duō cǎi qǔ qún tǐ zuò zhàn de
多采取群体作战的
fāng shì zhè yàng kě yǐ
方式，这样可以
dà dà tí gāo tā men de bǔ
大大提高它们的捕
liè xiào lǜ
猎效率。

尖刀一样的犬齿

在研究美洲剑齿虎化石的时候，古生物学家在化石上发现了很多重伤后痊愈的痕迹，因此推测这些美洲剑齿虎重伤后受到过其他成员的照顾，进而推测出它们可能是群居性动物。

dà jiǎo lù
大角鹿

dà jiǎo lù shēng huó
大角鹿生活
yú xīn jìn jì wǎn qī zài lù kē
于新近纪晚期，在鹿科
zhōng dà jiǎo lù shǔ yú tǐ xíng jiào wéi páng dà de
中，大角鹿属于体形较为庞大的
yí lèi tā men zhī suǒ yǐ jiào zhè ge míng zi
一类。它们之所以叫这个名字，
shì yīn wèi qí tóu bù zhǎng zhe yí duì yì cháng jīng
是因为其头部长着一对异常惊
rén de dà jiǎo jiǎo miàn kuān yuē mǐ rú
人的大角，角面宽约 2.5 米。如
cǐ jù dà de jiǎo zhǔ yào yòng yú qiú ǒu yě kě
此巨大的角主要用于求偶，也可
yǐ yòng lái zhèn shè duì shǒu yǔ dà bù fen lù lèi
以用来震慑对手。与大部分鹿类
yí yàng dà jiǎo lù de lù jiǎo yě shì měi nián gēng
一样，大角鹿的鹿角也是每年更
huàn yí cì
换一次。

专家们在原始人类居住的洞穴内发现了很多大角鹿的化石，由此推测，大角鹿是原始人类的主要狩猎对象之一。也有学者认为，原始人类的捕杀是大角鹿灭绝的原因之一。

雕齿兽

雕齿兽生活在新近纪时期，是一种植食性哺乳动物。它们的外形较为奇特，背部有一个像盾牌似的甲壳。甲壳由许多块小骨板组成，十分坚硬，可以保护它们的身体。除此之外，它们的头部也覆盖着小骨板，因此雕齿兽也被称为动物界的“铁甲勇士”。另外，雕齿兽的牙齿十分平整，方便它们咀嚼坚韧的树叶。

雕齿兽的甲壳与乌龟的甲壳较为相似，但不同的是，乌龟的甲壳使其行动起来笨拙缓慢，而雕齿兽的甲壳未与骨骼相连，所以不影响其身体灵活地摆动。

雕齿兽的尾巴十分短小，由小甲片和棘状突组成，看起来像是被拉长的松球。

雕齿兽的甲壳化石

pī máo xī

披毛犀

pī máo xī shēng huó zài xīn jìn jì wǎn
披毛犀生活在新近纪晚
qī tā men quán shēn zhǎng zhe hòu qiě cháng de
期，它们全身长着厚且长的
máo fà gù ér dé míng pī máo xī pī máo
毛发，故而得名披毛犀。披毛
xī de shēn shàng chú le yǒu hòu mì de cháng máo
犀的身上除了有厚密的长毛
wài hái yǒu yì céng hòu hòu de zhī fáng zhè shǐ
外，还有一层厚厚的脂肪，这使
de tā men jí shǐ chǔ zài hán lěng de huán jìng zhōng yě
得它们即使处在寒冷的环境中，也
néng shǐ shēn tǐ bǎo chí wēn nuǎn zài jiù shí qì shí dài
能使身体保持温暖。在旧石器时代，
pī máo xī céng shì rén lèi de shòu liè duì xiàng zhī yī tā
披毛犀曾是人类的狩猎对象之一，它
men shì zài yí wàn duō nián qián miè jué de shì mù qián yǐ zhī
们是在一万多年前灭绝的，是目前已知
zuì wǎn miè jué de shǐ qián xī
最晚灭绝的史前犀。

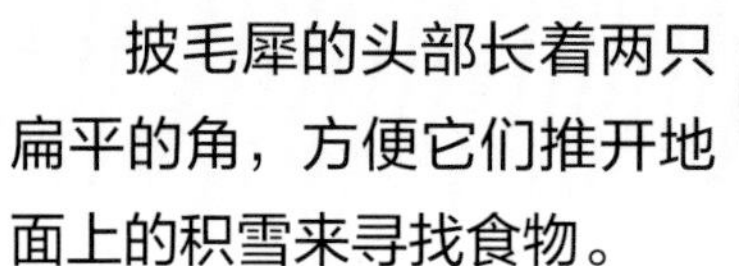

披毛犀的头部长着两只扁平的角，方便它们推开地面上的积雪来寻找食物。

你知道吗

犀牛角的主要成分为角蛋白，因此很难形成化石。在史前有角犀牛中，只有披毛犀留下了角化石，这是因为它们的灭绝年代较近，而有些披毛犀的尸体恰好被冰冻了起来。

měng mǎ xiàng
猛犸象

měng mǎ xiàng yòu bèi chēng wéi "cháng máo xiàng", zhǔ yào shēng huó
猛犸象又被称为"长毛象"，主要生活

zài qì hòu hán lěng de xīn jìn jì shí qī. tā men shēn shàng fù gài zhe yòu
在气候寒冷的新近纪时期。它们身上覆盖着又

cháng yòu mì de máo fà, pí xià yǒu hòu hòu de zhī fáng céng, zhè xiē kě
长又密的毛发，皮下有厚厚的脂肪层，这些可

yǐ bāng zhù tā men zài yán hán zhōng bǎo chí tǐ wēn. dà bù fen měng mǎ xiàng
以帮助它们在严寒中保持体温。大部分猛犸象

de tǐ xíng yǔ xiàn zài de yà zhōu xiàng xiāng sì, shēng huó fāng
的体形与现在的亚洲象相似，生活方

shì yě yǐ qún jū wéi zhǔ. měng mǎ xiàng yǐ hé cǎo
式也以群居为主。猛犸象以禾草

lèi hé tái cǎo lèi zhí wù wéi zhǔ yào shí wù
类和苔草类植物为主要食物

lái yuán. qì hòu biàn nuǎn shǐ měng mǎ
来源。气候变暖使猛犸

xiàng bèi pò xiàng běi qiān xǐ, shí
象被迫向北迁徙，食

wù de jiǎn shǎo shì dǎo zhì tā men
物的减少是导致它们

miè jué de yuán yīn zhī yī.
灭绝的原因之一。

从化石中可以看出，猛犸象身体强壮，四肢粗大如柱，能稳稳地立于大地之上。那对又长又弯的象牙，长度可达数米，重量可达数十千克。

dà dì lǎn
大地懒

dà dì lǎn zhǔ yào shēng huó zài xīn jìn jì wǎn qī，duō fēn bù yú
大地懒主要生活在新近纪晚期，多分布于
nán měi zhōu dì qū，yīn cǐ yě bèi chēng wéi "měi zhōu dà dì lǎn"。
南美洲地区，因此也被称为“美洲大地懒”。
dà dì lǎn quán shēn fù gài zhe hòu hòu de cháng máo，páng dà de shēn tǐ
大地懒全身覆盖着厚厚的长毛，庞大的身体
shàng zhǎng zhe yí gè xiǎo xiǎo de tóu lú，shé tou cháng cháng de，qiě shí
上长着一个小小的头颅，舌头长长的，且十
fēn líng huó，biàn yú tā men huò qǔ shí wù。gǔ shēng wù xué jiā gēn jù
分灵活，便于它们获取食物。古生物学家根据
dà dì lǎn de fèn biàn huà shí tuī cè，tā men shì yì zhǒng zhí shí xìng dòng
大地懒的粪便化石推测，它们是一种植食性动
wù。dà dì lǎn de yá chǐ、gǔ gé yǔ jīn tiān de shù lǎn fēi cháng xiāng
物。大地懒的牙齿、骨骼与今天的树懒非常相
sì，dàn tǐ xíng què bǐ shù lǎn dà le shàng bǎi bèi。
似，但体形却比树懒大了上百倍。

大地懒的臀部骨骼十分强壮，这使得它们可以像熊一样站立。大地懒站立时，粗壮的尾巴也起到了辅助作用。

hòu gōng shòu
后弓兽

hòu gōng shòu zhǔ yào shēng huó zài xīn jìn jì shí qī shì yì zhǒng tǐ xíng jiào dà de zhí shí xìng dòng wù tā men de wài xíng shí fēn qí tè bó zi hé sì zhī dōu bǐ jiào cháng zhǎng zhe yì zhī duǎn duǎn de xiàng bí

后弓兽主要生活在新近纪时期，是一种体形较大的植食性动物。它们的外形十分奇特，脖子和四肢都比较长，长着一只短短的象鼻。

hòu gōng shòu de bí zi yǐn fā le rén men guǎng fàn de cāi xiǎng yǒu rén rèn wéi tā men de bí zi shì yì zhǒng wǔ qì yǒu rén rèn wéi tā men de bí zi shì yì zhǒng dú tè de qǔ shí gōng jù yě yǒu rén rèn wéi tā men de bí zi hé mò de bí zi xiāng sì shì zài shuǐ zhōng duǒ bì tiān dí shí yòng lái shēn chū shuǐ miàn hū xī de

后弓兽的鼻子引发了人们广泛的猜想：有人认为它们的鼻子是一种武器；有人认为它们的鼻子是一种独特的取食工具；也有人认为它们的鼻子和貘的鼻子相似，是在水中躲避天敌时，用来伸出水面呼吸的。

后弓兽四肢骨骼的特殊结构使其在奔跑时可以灵活改变奔跑姿势和前进方向，从而躲避掠食者的追击。

duǎn miàn xióng

短面熊

duǎn miàn xióng zhǔ yào shēng huó zài dì sì jì shí qī shì yì zhǒng qiáng dà de ròu shí xìng dòng wù tā men de qián é jiào kuān wěn bù bǐ qí tā xióng lèi duǎn xǔ duō yīn cǐ bèi chēng wéi duǎn miàn xióng jué dà duō shù xióng lèi zài xíng zǒu shí jiǎo zhǎng dōu xiàng nèi wān qū chéng nèi bā zì zhuàng zǒu qǐ lù lái yáo yáo huàng huàng duǎn miàn xióng zé shí fēn tè shū tā men bù jǐn sì zhī xiū cháng ér qiě xíng zǒu shí jiǎo zhǎng zhí zhí de xiàng zhe qián fāng zhè yě shǐ tā men de xíng dòng gèng jiā mǐn jié

短面熊主要生活在第四纪时期，是一种强大的肉食性动物。它们的前额较宽，吻部比其他熊类短许多，因此被称为短面熊。绝大多数熊类在行走时脚掌都向内弯曲，呈内八字状，走起路来摇摇晃晃。短面熊则十分特殊，它们不仅四肢修长，而且行走时脚掌直直地向着前方，这也使它们的行动更加敏捷。

你知道吗
短面熊主要以美洲野牛和大角野牛为捕食对象，因此它们也有“噬牛熊”的称号。
短面熊爬行时，身高可达1.8米，能够跟人平视。科学家曾在美国密苏里州一个洞穴的墙壁上发现短面熊的爪印，爪印的位置表明，这只短面熊站立起来时，身高可达 3.3 米。

互动小课堂

小朋友们，读完这本《史前动物小百科》，你对史前动物有了哪些了解呢？你能认出下面这些史前动物吗？仔细看一看下面的图片，说出它们的名字吧。

（ ）（ ）（ ）

（ ）（ ）（ ）